Paul Caceres

Caracterização do biota e plano de gestão ambiental do rio Chico

Paul Caceres

Caracterização do biota e plano de gestão ambiental do rio Chico

Explorar o mundo subaquático: caraterização do rio Chichico em Tarki

ScienciaScripts

Imprint
Any brand names and product names mentioned in this book are subject to trademark, brand or patent protection and are trademarks or registered trademarks of their respective holders. The use of brand names, product names, common names, trade names, product descriptions etc. even without a particular marking in this work is in no way to be construed to mean that such names may be regarded as unrestricted in respect of trademark and brand protection legislation and could thus be used by anyone.

Cover image: www.ingimage.com

This book is a translation from the original published under ISBN 978-613-9-40559-6.

Publisher:
Sciencia Scripts
is a trademark of
Dodo Books Indian Ocean Ltd. and OmniScriptum S.R.L publishing group

120 High Road, East Finchley, London, N2 9ED, United Kingdom
Str. Armeneasca 28/1, office 1, Chisinau MD-2012, Republic of Moldova, Europe
Printed at: see last page
ISBN: 978-620-8-09364-8

Copyright © Paul Caceres
Copyright © 2024 Dodo Books Indian Ocean Ltd. and OmniScriptum S.R.L publishing group

Conteúdo

OBRIGADO

Expresso os meus sinceros agradecimentos a todos aqueles que tornaram possível a conclusão deste inquérito:

De uma forma especial à minha mãe que, com o seu inegável sacrifício e amor, tornou este projeto de vida uma realidade, bem como aos meus avós e irmãos que, com o seu apoio espiritual e humano, me apoiaram em todos os momentos.

À Universidade Nacional de Loja, à Área Agropecuária e Recursos Naturais Renováveis, através da carreira de Engenharia de Gestão e Conservação do Ambiente, onde obtive os conhecimentos técnico-científicos que contribuíram para a conclusão dos meus estudos universitários.

Aos membros da banca examinadora da tese, pelas valiosas sugestões para este trabalho de investigação.

Fausto Ramiro Garcia Vasco, Mg.Sc, pelas suas valiosas sugestões no desenvolvimento da fase de campo, na análise dos dados e na direção e revisão deste trabalho.

DEDICAÇÃO

Dedico este trabalho com muito carinho aos meus pais que, com o seu exemplo de superação, me incutiram o amor e a paixão pelo estudo, bem como me deram todo o apoio necessário para completar a minha carreira profissional e atingir as minhas metas e objectivos.

RESUMO

Na cidade de Puyo, paróquia de Tarqui, existe uma microbacia do rio Chichico, onde a agricultura, a pecuária e os assentamentos humanos são desenvolvidos nas margens, o que leva a uma série de impactos sobre o meio ambiente, como a alteração da qualidade do recurso hídrico, a perda da biodiversidade aquática, doenças em pessoas que utilizam este recurso para uso doméstico; Propõe-se que este problema seja controlado através de um Plano de Gestão Ambiental, com base na informação obtida a partir da amostragem e identificação de macroinvertebrados e da análise dos parâmetros físico-químicos da água do rio Chichico; Os métodos utilizados para a amostragem de macroinvertebrados aquáticos foram a rede de surriba, o método de vadear para a recolha de amostras de água para análise laboratorial e o índice EPT (Ephemeroptera, Plecoptera e Trichoptera) para a avaliação de indicadores biológicos; O resultado foi um total de 261 espécimes, dos quais 145 correspondem ao índice EPT, que foi comparado com os parâmetros químicos da água que estão fora da norma e estão relacionados com os macroinvertebrados, como a CBO com 16 mg/l e o DO com uma média de 5,67 mg/l; Para o qual é proposto um Plano de Gestão Ambiental, que contém 6 programas de controlo e mitigação dos impactos existentes no rio.

Palavras-chave: Macroinvertebrados, EFA de Inclice, Plano de Gestão Ambiental, Programas.

INTRODUÇÃO

Na microbacia do Rto Chichico, importante recurso hídrico da freguesia de Tarqui, desenvolvem-se aqui diferentes actividades económicas como a agricultura, o turismo, a pecuária, assentamentos humanos nas margens do rio, produto das mesmas actividades antrópicas, incorporando no rio águas residuais, óleos, gorduras, resíduos sólidos, etc.Isto provoca a perda da qualidade do recurso indígena e da sua importância como recurso hídrico natural da zona; com o objetivo de propor uma solução para este problema, a caraterização do biota aquático para determinar a qualidade do Rto Chichico e propor um Plano de Gestão Ambiental na freguesia de Tarqui".

A metodologia aplicada para o desenvolvimento desta pesquisa na amostragem e análise de macroinvertebrados aquáticos, foi através da utilização da rede Surber de 30 x 30 cm de área superficial e abertura de malha de 0,5 mm e para a identificação das famílias de macroinvertebrados, para a avaliação da qualidade da água, foi utilizado o índice EPT para determinar a presença ou ausência das ordens Ephemeroptera, Plecoptera e Trichoptera.

Para a amostragem e análise dos parâmetros físico-químicos, foi utilizada a Norma Técnica Equatoriana NTE INEN 2 169:98, que descreve os procedimentos para a amostragem de água. Os parâmetros foram determinados de acordo com o Regulamento do Texto Único de Legislação Ambiental Secundária (TULAS), Livro VI, Tabela N°01, sobre a utilização de água para consumo humano e uso doméstico.

Obtiveram-se os seguintes resultados: foram identificados 261 exemplares nos 4 pontos de amostragem, divididos em 5 ordens com 20 famílias, dos quais 116 pertencem a diferentes ordens de macroinvertebrados e 145 pertencem às ordens Ephemeroptera, Plecoptera e Trichoptera.

De acordo com o Texto Único de Legislação Ambiental Secundária (TULAS), tanto no ponto 03 como no 04 da amostragem a CBO é de 16 mg/l, sendo os limites máximos admissíveis de 2 mg/l, portanto não cumpre com o estabelecido na legislação, pois sendo a CBO um parâmetro indispensável para a qualidade da água dos rios, lagos, lagoas ou efluentes, não é apta para a sobrevivência e desenvolvimento dos macro invertebrados, bem como para o consumo humano e doméstico da população envolvente. Esta informação permitiu propor um Plano de Gestão Ambiental, instrumento que servirá para o controlo e conservação dos recursos naturais da sub-bacia do Rto Chichico, na freguesia de Tarqui.

A fim de desenvolver o tema da investigação, foram definidos os seguintes objectivos:

Objetivo geral:

Caracterizar a biótica aquática para determinar a qualidade do rio Chichico e conceber um plano de gestão ambiental na freguesia de Tarqui.

Objectivos específicos:

- Determinar o procedimento de amostragem e identificação de macroinvertebrados em quatro pontos do Rto Chichico.
- Avaliar a qualidade física e química da água do Rto Chichico.
- Propor um Plano de Gestão baseado nos resultados das análises biológicas e físico-químicas efectuadas no Rio Chichico.

CAPÍTULO 1

REVISÃO DA LITERATURA

4.1 Biota aquática

Na sua utilização mais comum, o termo biótico refere-se a todas as espécies de plantas, animais e outros organismos que ocupam uma determinada área. Por exemplo, o termo biótico europeu é utilizado para designar a lista de espécies que habitam esse território. O termo biótico pode ser dividido em flora e fauna, de acordo com os limites estabelecidos em Botânica e Zoologia.

O conceito pode ser alargado para designar o repertório de espécies num compartimento do solo, na rizosfera ou no fundo de um ecossistema aquático (prezi, 2005).

4.1.1 Macroinvertebrados

Carrera & Fierro (2005), referem que os macroinvertebrados aquáticos são insectos que podem ser vistos a olho nu e que fornecem excelentes sinais sobre a qualidade da água. Chamam-se macro porque são grandes (medem entre 2 mm e 30 centímetros), invertebrados porque não têm ossos e aquáticos porque vivem em locais com água doce (estuários, rios, lagos e lagoas) (p. 28).

Estes animais fornecem excelentes sinais sobre a qualidade da água e, ao utilizá-los na monitorização, é possível compreender claramente o estado da água: alguns deles necessitam de água de boa qualidade para sobreviver; outros, no entanto, resistem, prosperam e prosperam em água poluída. Por exemplo, as moscas-das-pedras vivem apenas em águas muito limpas e desaparecem quando a água está poluída. O mesmo não acontece com algumas larvas ou larvas de outras moscas que resistem à poluição e prosperam em água suja.

À medida que estes organismos crescem, transformam-se em moscas que causam doenças como a malária, o paludismo e a doença de Chagas.

Os macroinvertebrados incluem larvas de insectos, tais como mosquitos, libélulas, libélulas ou helicópteros, insectos ou percevejos, cães de água ou moscas do amieiro.

Carrera Reyes & Fierro Peralbo (2005), afirmam que os macroinvertebrados fornecem excelentes sinais sobre a qualidade da água e que a sua utilização na monitorização permite compreender claramente o estado da água: alguns deles necessitam de água de boa qualidade para sobreviver; outros, pelo contrário, resistem, crescem e abundam quando há poluição.

4.1.2 Macroinvertebrados bentónicos como indicadores da qualidade da água

Figueroa *et al* (2005) referem que é do conhecimento geral que os organismos têm sido utilizados para a monitorização biológica e determinação da qualidade da água, no entanto nem todos os organismos têm as vantagens que os macroinvertebrados bentónicos têm. As vantagens que estes organismos proporcionam na monitorização biológica são descritas de seguida:

- Permitem a realização de estudos comparativos, uma vez que se encontram em todos os
ambientes aquáticos.
- Fornece informações sobre efeitos e perturbações
que uma massa de água sofre, através de uma análise da poluição. Isto deve-se principalmente ao seu carácter sedentário.
- Apresentam vantagens técnicas, uma vez que tanto a amostragem como
a análise de dados pode ser efectuada de uma forma simples e direta.
- A taxonomia dos grupos está atualmente bem estudada e é
podes encontrar fichas informativas e ilustrações com as quais podes identificar um organismo.

A existência de numerosos métodos de análise de dados, como os índices bióticos e de biodiversidade, que são utilizados na biomonitorização.

Os métodos biológicos já eram utilizados no início do século para determinar a qualidade da água de um rio, mas foi só a partir dos anos 50 que este tipo de estudo se tornou mais importante (Figueroa *et al*, 2005).

4.1.3 Principais grupos taxonómicos de macroinvertebrados aquáticos

a) Ordem Ephemeroptera

De acordo com Barber (2008) os Ephemeroptera (Ephemeroptera) são uma ordem de insectos pterigotos, vulgarmente conhecidos por ephemeroptera, ephemeroptera, mayflies ou "mayflies" em inglês. É a mais antiga ordem de insectos alados atualmente existente. Existem 42 famílias conhecidas e mais de 3000 espécies que habitam todas as regiões biogeográficas, exceto a Antárctida e algumas ilhas oceânicas remotas. A maior diversidade de géneros pertencentes a esta ordem encontra-se na região neotropical (zonas tropicais do continente americano).

Os efemerópteros são uma antiga linhagem de insectos, que remonta ao final do período Carbornífero ou ao início do período Pérmico, caracterizada pelo facto de passarem a maior parte da sua vida na fase de instar, tendo sido identificados até 50 instares em algumas espécies (Barber, 2008).

Como caraterística principal da ordem Ephemeroptera, suas larvas ninfais passam por um estágio de subimago, antes de se desenvolverem em adultos (imago). Por esta razão, muitos estudos foram realizados na região da América do Sul, resultando na existência de uma série de chaves taxonómicas para a identificação desta ordem, facilitando os estudos e melhorando o conhecimento das espécies que ainda estão por conhecer e estudar na América do Sul (Dominguez, 2009).

b) Ordem Plecoptera

O fóssil mais antigo registado de Plecoptera data do início do Permiano, ou seja, há 263-258 milhões de anos, e estes organismos estão filogeneticamente relacionados com a ordem Neoptera. Os Plecoptera são encontrados em rios onde as correntes são fortes, no entanto, algumas das suas espécies adaptaram-se a ambientes lênticos oligotróficos, sistemas temporários ou lagos profundos (Gutierrez, 2010).

Estes organismos aquáticos são insectos com metamorfose incompleta (hemimetábolos), ou seja, passam apenas por três fases de desenvolvimento: ovo, ninfa e adulto. E antes da sua transformação para a fase adulta, as ninfas maduras rastejam sobre pedras, troncos ou qualquer outro substrato para saírem da água. Noutros casos, as ninfas sobem vários metros nas árvores (Gutierrez, 2010).

Gutierrez (2010) indica que, na alimentação, as ninfas de Plecoptera podem ser detritívoras, carnívoras ou herbívoras; o tipo de alimentação dependerá do estádio de desenvolvimento, da espécie e até da hora do dia. Os adultos da maioria das espécies não se alimentam, no entanto, alguns podem beber substâncias açucaradas ou comer alimentos sólidos como folhagem, bquenes, hifas de fungos e pólen.

Os Plecoptera, como a maioria dos insectos aquáticos, têm uma influência decisiva no sistema aquático, uma vez que a sua existência é fundamental para o fluxo de energia e a reciclagem de nutrientes (Gutierrez, 2010).

A particularidade mais relevante deste grupo de organismos é talvez a sua reação a alterações no ambiente, devido à sua elevada sensibilidade, o que os torna excelentes indicadores da qualidade da água (Gutierrez, 2010).

c) Ordem Odonata

De acordo com Barber (2008), o nome Odonata vem do grego "odon" que significa dente, referindo-se às suas fortes imindíbulas. Os Odonata, vulgarmente conhecidos como libélulas na sua fase adulta, têm cores muito vivas e devido à sua facilidade de observação foram-lhes atribuídos muitos nomes como: libelinhas, gallegos, pipilachas entre outros.

Estes insectos têm grandes olhos compostos e um tórax que suporta as quatro asas membranosas que emergem do tórax. O seu abdómen é alongado e delgado. É importante saber que as ninfas desta ordem são aquáticas, para além de possuírem um aparelho bucal preciso para caçar as suas presas, pois são predadoras (Ramirez, 2010).

Dommguez (2009) indica que na Ordem Odonata são conhecidas 5700 espécies em todo o mundo, na América do Sul o país com mais espécies conhecidas é o Brasil, seguido da Venezuela e do Peru; no entanto, existem grandes áreas não investigadas, pelo que a fauna de odonatos é pouco conhecida. Novas espécies estão sendo descobertas a cada dia, especialmente da subordem Zygoptera, por esta razão sua sistemática ainda não está firmemente estabelecida.

As larvas desta ordem passam por vários estádios larvares e o número de mudas depende da temperatura e da disponibilidade de alimentos.

Podem alimentar-se de invertebrados aquáticos, insectos, outros odonatos e são mesmo capazes de se alimentar de girinos e pequenos peixes, o que os torna predadores no sistema de aquacultura de água doce (Dommguez, 2009).

Esta ordem divide-se em duas sub-ordens:

Subordem Anisoptera

A ordem Anisoptera distingue-se dos Zygoptera pelo facto de serem robustos, largos e terminarem numa pirâmide anal. A sua cabeça é mais fina do que a largura do seu corpo (Ramirez, 2010).

- **Subordem Zygoptera**

A ordem Zygoptera caracteriza-se por um corpo alongado e esguio, com três brânquias caudais na sua extremidade. A cabeça desta ordem é maior do que a largura do seu corpo (Ramirez, 2010).

d) Ordem Hem^ptera

Dommguez (2009) indica que os Iremipte'ros ou também chamados Heteroptera são divididos em dois tipos: Gerromorpha, que são aqueles que vivem na superfície da água, e Nepomorpha, que são aqueles que vivem abaixo da superfície da água. (p. 167-169).

e) Ordem Coleoptera

Segundo Dommguez (2009) na obra Macroinvertebrados Bentonicos sudamericanos indica que os Coleoptera são o grupo mais numeroso que se conhece, já que inclui mais de 350.000 espécies, distribuídas em 170 famílias e 4 subordens. A maioria dos Coleoptera são terrestres, mas existem 10.000 espécies representativas que são aquáticas em algum estágio de desenvolvimento; elas são encontradas em todas as águas interiores, com exceção de lagos muito poluídos. (pp. 411-412).

f) Ordem Trichoptera

Springer (2010) refere que os Trichoptera (caddisflies) são insectos holometábolos, parecidos com os Lepidoptera, e na fase adulta são semelhantes a pequenas traças.

As suas asas são cobertas de pêlos em vez de escamas, daí o nome (trichos: pêlos; ptera: asas) (pp. 151-152).

Holzenthal (2007) indica que este grupo está entre os mais importantes e diversificados de todos os taxa aquáticos. As larvas são vitais na cadeia trófica desenvolvida no habitat aquático, e a sua presença em abundância é utilizada na avaliação biológica da qualidade da água. A morfologia deste grupo taxonómico é determinada de acordo com três fases: adultos, larvas e pupas. Os Trichoptera possuem 45 famílias distribuídas em 600 géneros e aproximadamente 13000 espécies.

g) Ordem Lepidoptera

Dommguez (2009) refere que esta ordem surgiu há milhões de anos, colonizando todo o tipo de habitat, embora a maioria das espécies sejam terrestres, existem também espécies que são aquáticas e as suas fases larvares desenvolvem-se na água, existindo mesmo espécies como a (*Acentria*) cuja fase adulta é também aquática.

Em geral, este grupo de organismos não é considerado como fazendo parte da comunidade aquática, razão pela qual são continuamente excluídos nos estudos sobre a ecologia dos insectos relacionados com este tipo de ambiente. No entanto, algumas espécies relacionadas com as plantas aquáticas são atualmente consideradas de interesse (Dommguez, 2009).

De acordo com Domrnguez (2009), por ser herbívora, a ordem Lepidoptera é um importante controlador de plantas daninhas aquáticas; no entanto, podem ser prejudiciais quando atacam culturas como o arroz. Assim, dentro da ordem existem espécies totalmente aquáticas, que desenvolvem todas as suas fases na água, e espécies semi-aquáticas que estão relacionadas com a vegetação submersa ou emergente.

A informação existente sobre esta ordem na América do Sul é fragmentária, com literatura sobre larvas aquáticas e detalhando os géneros mais comuns na região (Domrnguez, 2009).

h) Ordem D^ptera

Domrnguez (2009) indica que os representantes desta ordem são holometábolos, reconhecíveis pelas suas cores discretas e por terem um par de asas membranosas. Dentro da ordem Diptera existem 153.000 espécies, com mais de 158 famílias, das quais 126, com 29.700 espécies na Região Neotropical. Os D^ptera, embora conhecidos há 30 anos, são difíceis de identificar devido à falta de tratamentos sinópticos modernos, à falta de colecções e ao facto de algumas espécies nem sequer terem sido descritas. As larvas não são conhecidas para mais de 10% das espécies. Por isso, a sua investigação é relevante, uma vez que as diferentes famílias de Diptera são importantes em medicina veterinária, como indicadores ecológicos e agronómicos (Domrnguez, 2009).

i) Filo Platyhelminthes: Ordem Tricladida

De acordo com Roldan & Ramirez (2008), dentro do Filo Platyhelminthesse, encontramos a classe Turbellaria, cujos organismos são de vida livre. A classe Turbellaria inclui a Ordem Tricladida, que corresponde ao grupo das Planárias, são delgados e achatados e podem medir até 30 ms. Este grupo de organismos pode viver na água, em ramos, folhas, troncos caídos, em águas lênticas e lóticas; vivem em águas oxigenadas, mas algumas espécies podem viver em águas altamente contaminadas por matéria orgânica. Os planárias são predadores, mas também podem alimentar-se de animais mortos; os seus principais concorrentes são outros predadores como os Anelídeos, Nemátodos e alguns Crustáceos (Roldan & Ramirez, 2008).

j) Filo Mollusca: Classe Gasteropoda

Os gastrópodes são organismos que possuem uma concha em forma de espiral, com um tamanho que varia entre 2 e 70 mm. Encontram-se em águas com carbonato de cálcio, pois este facilita a construção das suas conchas. Estes organismos estão associados a águas calmas e pouco profundas, onde existe abundante vegetação aquática e matéria orgânica em decomposição, sendo persistentes em águas com dureza e elevada alcalinidade (Roldan & Ramirez, 2008).

k) Phyllum Anelida

De acordo com Roldan & Ramirez (2008), os anelídeos constituem um grande grupo de organismos, mas no âmbito do estudo dos sistemas de água doce nos Neotrópicos, duas classes são consideradas:

l) Oligochaeta e Hirudinea

A classe Oligochaeta, cujo tamanho varia de 1 a 30 mm, é reconhecida como tendo a mesma estrutura que as minhocas terrestres. Alimentam-se de diatomáceas, algas filamentosas e detritos animais e vegetais. Estes organismos aquáticos são indicadores de poluição, pois habitam águas com elevado teor de matéria orgânica e baixos níveis de oxigénio *(Roldan & Ramirez, 2008).*

Roldan & Ramirez (2008) indicam que a família Tubificidae é a mais reconhecida, pois inclui o género Tubifex, que prolifera e se desenvolve em águas com elevado grau de contaminação, podendo atingir uma abundância de 40.000 indivíduos por metro quadrado.

A classe Hirudinea inclui as sanguessugas, cujo grupo de organismos pode medir entre 5 e 45 mm. As suas caraterísticas representativas são as ventosas que possuem, uma à frente e outra atrás, que utilizam para se fixarem ou para se deslocarem na água. Vivem em águas paradas, lagoas, reservatórios, agarrados a qualquer substrato que os rodeia. São predadores e alimentam-se de caracóis, insectos, vermes aquáticos e alguns pequenos macroinvertebrados (Roldan & Ramirez, 2008).

4.2 Água

De acordo com BARBA (2005), a água é uma das substâncias mais difundidas e abundantes no planeta Terra. É parte integrante da maioria dos seres vivos, tanto animais como vegetais, e está presente em muitos minerais. P1

4.2.1 Contaminação da água

Segundo GALLEGO (2000) citado em (Clara, 2005) :

Poluição é a ação e o efeito de introduzir materiais ou formas de energia, ou de induzir condições na água que, direta ou indiretamente, resultem numa alteração prejudicial da sua qualidade em relação a utilizações subsequentes ou à sua função ecológica. p. 8

4.2.2 Alterações na água

a) Alterações físicas da água

Tabela 1 Alterações físicas da água

Alterações físicas	Caraterísticas e indicação de contaminação
Cor	A água não poluída tem geralmente uma cor ligeiramente avermelhada, acastanhada, amarelada ou esverdeada, principalmente devido aos compostos húmicos, férricos ou pigmentos verdes das algas que contém. As águas poluídas podem ter cores muito diferentes mas, em geral, não é possível estabelecer uma relação clara entre a cor e o tipo de poluição.
Cheiro e sabor	Os compostos químicos presentes na água, como os fenóis, os vários hidrocarbonetos, o cloro, a matéria orgânica em decomposição ou as essências libertadas por várias algas ou fungos podem dar à água odores e sabores muito fortes, mesmo que estejam em concentrações muito pequenas. Os sais ou minerais dão um sabor salgado ou metálico, por vezes sem qualquer odor.
Temperatura	O aumento da temperatura diminui a solubilidade dos gases (oxigénio) e aumenta geralmente a solubilidade dos sais. Aumenta a velocidade das reacções metabólicas, acelerando a putrefação. A temperatura óptima da água potável situa-se entre 10 e 14°C. Continuar...
	As centrais nucleares, as centrais térmicas e outras indústrias contribuem para a poluição das águas termais, por vezes de forma significativa.
Materiais suspensos	Partículas como argilas, limos e outras, mesmo que não estejam dissolvidas, são transportadas pela água

	de duas maneiras: em suspensão estável (soluções coloidais); ou em suspensão que dura apenas enquanto o movimento da água as transporta. As suspensões coloidais só se precipitam após terem sofrido um processo de coagulação ou de floculação.
Radioatividade	As águas naturais têm alguns valores de radioatividade, principalmente devido aos isótopos de K. Algumas actividades humanas podem contaminar a água com isótopos radioactivos.
Espumas	Os detergentes produzem espumas e adicionam fosfatos à água (eutrofização). Diminuem consideravelmente o poder de auto-purificação dos rios ao dificultar a atividade bacteriana. Interferem igualmente nos processos de floculação e de sedimentação das estações de tratamento de águas residuais.
Condutividade	A água pura tem uma condutividade eléctrica muito baixa. A água natural tem iões em solução e a sua condutividade é maior e proporcional à quantidade e caraterísticas destes electrólitos. É por esta razão que os valores de condutividade são utilizados como um índice aproximado da concentração de soluto. Como a temperatura altera a condutividade, as medições devem ser efectuadas a 20°C.

Fonte: Organização Mundial de Saúde (2012)

b) Alterações químicas da água

Quadro 2 Alterações da qualidade da água

Alterações químicas	Indicador de poluição
pH	As águas naturais podem ter um pH ácido devido ao CO2 dissolvido da atmosfera ou de organismos vivos; devido ao ácido sulfúrico de alguns minerais, devido aos ácidos húmicos dissolvidos da cobertura vegetal do solo. A principal substância básica da água natural é o carbonato de cálcio, que pode reagir com o CO2 para formar um sistema tampão de carbonato/bicarbonato. As águas poluídas por descargas mineiras ou

	industriais podem ter um pH muito ácido. O pH tem uma grande influência nos processos químicos que ocorrem na água, na ação dos floculantes, nos tratamentos de depuração, etc.
Oxigénio dissolvido (DO)	As águas de superfície limpas estão normalmente saturadas de oxigénio, que é essencial para a vida. Baixos níveis de oxigénio dissolvido indicam contaminação com matéria orgânica, má qualidade da água e incapacidade de suportar certas formas de vida.
Matéria orgânica biodegradável: carência bioquímica de oxigénio (CBO5)	A CBO5 é a quantidade de oxigénio dissolvido necessária aos microrganismos para a oxidação aeróbia da matéria orgânica biodegradável na água. É medida ao fim de cinco dias. O seu valor dá uma ideia da
	A qualidade da água, do ponto de vista da matéria orgânica presente, permite prever a quantidade de oxigénio necessária para a depuração desta água e verificar a eficácia do tratamento de depuração numa instalação.
Materiais oxidáveis: Materiais oxidáveis: Carência química de oxigénio (CQO)	É a quantidade de oxigénio necessária para oxidar as matérias contidas na água com um oxidante químico (geralmente dicromato de potássio em meio ácido). É determinado em três horas e, na maioria dos casos, tem uma boa relação com a CBO, sendo por isso muito útil, uma vez que não necessita dos cinco dias da CBO. No entanto, a CQO não distingue entre matéria biodegradável e não biodegradável e não fornece informações sobre a taxa de degradação em condições naturais.
Azoto total	Vários compostos de azoto são nutrientes essenciais. A sua presença em excesso na água provoca a eutrofização. O azoto apresenta-se em muitas formas químicas diferentes nas águas naturais e poluídas. Nas análises habituais, determina-se geralmente o NTK (azoto total Kendahl), que inclui o azoto orgânico e amoniacal. O teor de

	nitratos e nitritos é indicado separadamente.
Fósforo total	O fósforo, tal como o azoto, é um nutriente essencial para a vida. O seu excesso na água provoca a eutrofização.
	O fósforo total inclui diferentes compostos, como vários ortofosfatos, polifosfatos e fósforo orgânico. A determinação é feita através da conversão de todos eles em ortofosfatos que são utilizados na produção de Continua... determinada por análise química.
Aniões: Cloretos Nitratos Nitritos Fosfatos Sulfuretos Cianetos Fluoretos	indicar a salinidade indicam contaminação da agri'cola indicar atividade bacteriológica indicar detergentes e fertilizantes indicam uma ação bacteriológica anaeróbia (esgotos, etc.) indicar a contaminação da origem industrial Em alguns casos, são adicionados à água para a prevenção de cáries, embora esta seja uma prática controversa.
Catiões: sódio cálcio e magnésio magnésio amónio metais pesados	Indica a salinidade Estão relacionados com a dureza da água. Contaminação com fertilizantes e fezes De efeitos muito nefastos ; é bioacumular-se na cadeia trófica; (estas são discutidas em pormenor no capítulo relevante)
Compostos orgânicos	Óleos e gorduras de resíduos alimentares provenientes de processos industriais (automóveis, lubrificantes, etc.) são difíceis de
	metabolizados por bactérias e flutuam na água formando películas que prejudicam os organismos vivos. Os fenóis podem estar presentes na água em resultado da poluição industrial e, quando reagem com o cloro adicionado como desinfetante, formam clorofenóis, que constituem um problema grave porque

	conferem à água um cheiro e um sabor muito maus. A contaminação por pesticidas, petróleo e outros hidrocarbonetos é abordada em pormenor nos capítulos correspondentes.

Fonte: Organização Mundial de Saúde (2012)

4.2.3 Caraterísticas físico-químicas da água

a) F^sicos

- **pH** - De acordo com NOGALES (2005). A determinação do pH é muito

É importante a qualidade da água de irrigação, que deve suportar intervalos de 6,5 a 7,5 para garantir que as culturas sejam próprias para consumo humano e não fontes de contaminação.

- **Temperatura** - De acordo com NOGALES (2005). A temperatura é um

fator físico que determina a solubilidade de gases e minerais; influencia significativamente os processos biológicos de respiração, crescimento de organismos e decomposição de matéria orgânica.

- **Condutividade eléctrica** - De acordo com NOGALES (2005) "Esta

O parâmetro é determinado pela concentração de iões dissolvidos na água. As culturas podem tolerar diferentes concentrações de iões e estas determinam a produção e a qualidade dos produtos.

- **Turbidez - e de acordo com** NOGALES (2005) Turbidez no meio

O sedimento natural pode ser orgânico, produzido por algas e matéria orgânica em suspensão; e inorgânico, constituído por partículas de diferentes tamanhos em suspensão, como as argilas, especialmente introduzidas no curso do canal, produzidas pela erosão do curso de água.

- **Sólidos Totais Dissolvidos** - NOGALES (2005). Diz que o

As análises de sólidos são importantes no controlo dos processos físicos e biológicos. O STD tem um significado especial porque muitas águas contêm quantidades invulgares de sais inorgânicos dissolvidos, estando este parâmetro relacionado com a condutividade e com o STD.

b) Qrnmicos

- **Alcalinidade** - Segundo NOGALES (2005) "É o consumo de ácido pelas espécies básicas presentes nas águas naturais. A alcalinidade é devida principalmente à presença de sais de ácidos fracos e bases fortes".
- **Dureza** - De acordo com NOGALES (2005). A água dura é definida como

as que geralmente requerem quantidades consideráveis de sabão para produzir espuma; a dureza é causada por catiões de metais divalentes que podem reagir com o sabão para formar precipitados; não afecta a saúde humana, mas afecta os vegetais, endurecendo-os.

- **Cloretos** - De acordo com GUERRERO (2005), o cloreto é um dos mais importantes

Os principais aniões inorgânicos presentes nas águas naturais e residuais, que prejudicam significativamente o crescimento das plantas, os níveis de cloreto são muito importantes para a seleção das fontes de água para consumo e irrigação.

- De acordo com GUERRERO (2005) "El

A água rica em matéria orgânica pode causar poluição. A matéria orgânica é composta principalmente por proteínas, hidratos de carbono e gorduras animais, que podem ser transportados ao longo do canal de irrigação.

- **Oxigénio dissolvido** - O oxigénio dissolvido é derivado da

actividades fotossintéticas da flora vegetal e trocas entre a atmosfera e a água, os níveis de oxigénio dissolvido nas águas naturais ou nas águas residuais dependem do grau de atividade físico-química e bioquímica. A análise do oxigénio dissolvido é um teste fundamental no processo de controlo das águas contaminadas. O oxigénio dissolvido é utilizado para calcular o índice de oxigenação. GUERRERO (2005).

4.3 Plano de gestão ambiental

O Plano de Gestão Ambiental (PGA) é um instrumento de gestão que tem como objetivo servir de guia para programas, procedimentos, práticas e acções destinadas a prevenir, minimizar, mitigar e controlar os impactos e riscos ambientais gerados pelas diferentes actividades (Biosfera Gestão Ambiental, 2009).

O Texto Único de Direito Ambiental Secundário (TULSMA), no seu Livro VI, estabelece as acções necessárias para prevenir, mitigar, controlar, compensar e corrigir os possíveis efeitos ou impactos ambientais negativos causados no desenvolvimento de um projeto, obra ou atividade; inclui também planos de seguimento, avaliação e monitorização e planos de contingência. O conteúdo do plano pode ser regulamentado de forma diferente em cada país.

4.4 Quadro jurídico

A atual Constituição da República do Equador foi publicada pelo Registo Oficial n.º 449 de 20 de outubro de 2008, contém os princípios, direitos e liberdades dos que compõem a sociedade equatoriana e constitui o vértice da estrutura jurídica do Estado equatoriano.

No Título II, Capítulo II, relativo aos direitos a uma vida digna, secção I, água e alimentos, nos artigos 12º, 71º e 72º, são mantidos como deveres primordiais do Estado

direitos à água e à natureza ou Pacha Mama,

Art.12º - O direito humano à água é fundamental e inalienável. A água constitui um património nacional estratégico de uso público, inalienável, imprescritível, impenhorável e essencial à vida.
Art.71º - A natureza ou Pacha Mama, onde a vida se reproduz e se realiza, tem direito ao pleno respeito pela sua existência e pela manutenção e regeneração dos seus ciclos vitais, estrutura, funções e processos evolutivos.
Art. 72º - A natureza tem direito à restauração. Esta restauração é independente da obrigação do Estado e das pessoas singulares ou colectivas de indemnizar os indivíduos e as colectividades que dependem dos sistemas naturais afectados.
Nos casos de impacto ambiental grave ou permanente, incluindo os causados pela exploração de recursos naturais não renováveis, o Estado estabelecerá os mecanismos mais eficazes para conseguir a recuperação e adoptará as medidas adequadas para eliminar ou atenuar as consequências ambientais prejudiciais.
A Constituição da República do Equador de 2008, através do segundo capítulo sobre os Direitos do Bem Viver (Secção um da Água e da Alimentação), declara no artigo nº 12 "O direito humano à água é fundamental e inalienável. A água constitui património estratégico nacional de utilidade pública, inalienável, imprescritível, impenhorável e essencial para a vida".
O artigo 74º do Sétimo Capítulo sobre os Direitos da Natureza estabelece que "Os indivíduos, as comunidades, os povos e as nacionalidades têm o direito de beneficiar do ambiente e das riquezas naturais que lhes permitem viver bem. Os serviços ambientais não devem ser objeto de apropriação; a sua produção, fornecimento, utilização e exploração devem ser regulados pelo Estado".
No Capítulo VI da Lei de Codificação da Água, através do Artigo nº 22, é mencionado:
"É proibida toda a poluição das águas que afecte a saúde humana ou o desenvolvimento da flora ou da fauna. O Conselho Nacional dos Recursos Hídricos, em colaboração com o Ministério da Saúde Pública e outras entidades estatais, aplica a política que permite o cumprimento desta disposição. É concedida uma ação popular para denunciar os factos relacionados com a poluição das águas. A queixa deve ser apresentada à Provedoria de Justiça".
O Capítulo VI da Lei de Prevenção e Controlo da Poluição Ambiental, nos artigos 16º e 18º, estabelece o seguinte:
Art. 16º - É proibido o lançamento de águas residuais contendo poluentes nocivos à saúde humana, à fauna e aos bens em redes de esgotos, ou em córregos, valas, rios, lagos naturais ou artificiais, ou em águas marinhas, ou a infiltração em terrenos, sem o cumprimento das normas e regulamentos técnicos correspondentes.
Artigo 18 - O Ministério da Saúde determinará o grau de tratamento a ser dado

aos resíduos líquidos a serem lançados no corpo recetor, qualquer que seja sua origem.

O artigo 12º do Título I do Saneamento Ambiental da Lei de Prevenção e Controlo da Poluição Ambiental estabelece que "ninguém pode eliminar resíduos sólidos, líquidos ou gasosos no ar, no solo ou na água sem tratamento prévio que os torne inofensivos para a saúde".

Em 31 de março de 2003, o Texto Unificado da Legislação Ambiental foi emitido pelo Decreto Executivo 3516, publicado no Jornal Oficial n.º 2, com o seguinte conteúdo:

Título preliminar: Políticas ambientais básicas do Equador.

Livro I: A Autoridade Ambiental.

Livro II: Gestão ambiental.

Livro III: Regime florestal.

Livro IV: Sobre a Biodiversidade.

Livro V: Recursos Costeiros.

Livro VI: Qualidade do ambiente.

Livro VII: Regime especial: Galápagos.

Livro VIII: Instituto de Ecodesenvolvimento Regional da Amazónia.

Livro IX: Do Sistema de Taxas ou Tarifas pelos Serviços Prestados pelo Ministério do Ambiente e pela Utilização e Exploração dos Bens Nacionais a seu cargo e proteção (www.ambiente.gov.ec).

O Anexo 1 do Livro VI indica que esta norma técnica determina ou estabelece:

Limites admissíveis, disposições e proibições de descargas em massas de água ou sistemas de esgotos; critérios de qualidade da água para diferentes utilizações da água e métodos e procedimentos para determinar a presença de poluentes na água.

4.5 Quadro concetual

Ambiente: É o sistema global constituído por elementos naturais e artificiais de natureza física, química, biológica, sociocultural e suas inter-relações, em permanente modificação pela ação humana ou natural que rege ou condiciona a existência ou o desenvolvimento da vida.

Águas **residuais:** Águas resultantes de um processo ou atividade produtiva cuja qualidade foi degradada devido à incorporação de poluentes.

Águas residuais: Resíduos aquosos resultantes da eliminação ou utilização de água em qualquer atividade que possa causar contaminação.

Bioindicador da qualidade da água: Um bioindicador é um indicador constituído por uma espécie vegetal, fúngica ou animal; ou formado por um grupo de espécies (grupo eco-sociológico) ou agrupamento vegetal cuja presença (ou estado) fornece informações sobre determinadas caraterísticas ecológicas (físico-químicas, microclimáticas, biológicas e funcionais) do ambiente, ou sobre o impacto de determinadas práticas no ambiente. São principalmente utilizados para a avaliação ambiental (controlo do estado do ambiente ou da eficácia de medidas compensatórias ou de reparação).

Biossegurança: Avaliação, regulamentação e gestão do risco biológico, através da sua redução ou eliminação, para preservar as qualidades e a sobrevivência da vida humana e de outros organismos no ambiente.

Biomonitorização: A biomonitorização é um conjunto de técnicas baseadas na reação e sensibilidade de diferentes organismos vivos a várias substâncias (nutrientes/poluentes) presentes num ecossistema.

É a avaliação dos efeitos deletérios de uma substância tóxica em vários organismos. Estes organismos são utilizados como indicadores biológicos da toxicidade de um composto, que é medida por diferentes indicadores biológicos (alterações no desenvolvimento, nas funções vitais, etc.).

Conjunto de técnicas associadas à avaliação da qualidade ambiental com recurso a organismos vivos (Col Kent 2005).

Clima: Conjunto de condições atmosféricas (temperatura, humidade, nebulosidade, pluviosidade, insolação, direção e velocidade do vento) que dominam e se alternam continuamente numa determinada localidade.

Contaminação: Alteração indesejável das propriedades físicas, químicas e biológicas que pode causar efeitos negativos nos diferentes componentes do ambiente.

Poluente: Substância química, biológica ou radiológica, em qualquer dos seus estados físicos e formas, que, quando incorporada ou encontrada acima das suas concentrações normais na atmosfera, na água, no solo, na fauna ou em qualquer elemento natural, altera e modifica a sua composição e condição natural.

Aquicultura de água doce: Plantas e animais que desempenham todas as suas funções vitais em água doce.

Dano ambiental: Ação negativa ou prejudicial exercida por um fator ou factores exteriores ao ambiente.

Degradação biológica: Ação negativa exercida sobre um determinado ecossistema que altera parcial ou totalmente as suas caraterísticas.

Carência Bioquímica de Oxigénio: Medida indireta da quantidade de oxigénio consumida pelos microrganismos durante a degradação biológica da matéria orgânica.

Descarga: A eliminação ou adição de resíduos ou detritos a um meio recetor.

Resíduos: Materiais resultantes de um processo de produção ou de investigação que não podem ser modificados para fins de produção, transformação ou consumo e que devem ser eliminados.

Efluente: Resíduos líquidos, tratados ou não, provenientes de um processo industrial ou de uma atividade social e geralmente depositados nos solos ou em diversas massas de água superficiais ou subterrâneas.

Avaliação do impacto ambiental: Compilação e avaliação de relatórios sobre as caraterísticas físicas, ecológicas, económicas e sociais de uma determinada área ou região, bem como sobre os planos e projectos a realizar nessa área, a fim de minimizar os impactos negativos no ambiente.

Efluentes líquidos: Os efluentes líquidos são, basicamente, as águas de abastecimento de uma população, depois de impurificadas por usos diversos. Do ponto de vista da sua origem, são o resultado da combinação dos líquidos ou resíduos transportados pelas águas das habitações, das instituições e dos estabelecimentos comerciais e industriais, acrescidos das águas subterrâneas, superficiais ou de precipitação que lhes possam ser adicionadas.

Todas estas águas afectam de alguma forma a vida normal dos corpos receptores correspondentes. Quando este efeito é suficiente para as tornar impróprias para utilização posterior, diz-se que estão poluídas.

Fertilizante: O fertilizante é uma substância que é adicionada ao solo para fornecer os elementos necessários à nutrição das plantas. Um fertilizante ou material de transporte é uma substância que contém um ou mais dos elementos essenciais para as plantas. Os adubos completos contêm os três principais nutrientes das plantas: azoto, fósforo e potássio.

Impacto ambiental: Impacto no ambiente causado por uma ação antropogénica ou por um elemento externo ao ambiente, que gera consequências notáveis no ambiente.

Limite de tolerância: Concentração máxima de uma substância nociva que pode ser tolerada no ambiente durante um período de tempo prolongado sem causar danos. Quantidade de uma substância química nos alimentos que é considerada segura para os seres humanos e os animais.

Plano de gestão ambiental: Um plano de gestão ambiental é um plano detalhado que estabelece as acções necessárias para prevenir, mitigar, controlar, compensar e corrigir os possíveis efeitos ou impactos ambientais negativos causados pelo desenvolvimento de um projeto, obra ou atividade; inclui também planos de acompanhamento, avaliação, monitorização e contingência.

Reabilitação: Conjunto de acções destinadas a restabelecer as condições originais alteradas de um ecossistema ou de um dos seus elementos.

Resíduos: Substâncias residuais de um processo de produção fisiológico que, quando incorporadas diretamente no ambiente, alteram o seu estado, geralmente na forma.

Sustentabilidade: A capacidade de um sistema se desenvolver com os seus próprios recursos de forma a que o seu funcionamento não dependa de fontes externas, embora isso não signifique que estas não sejam consideradas.

Taxonomia: A taxonomia é a ciência que estuda os princípios, os métodos e os objectivos da classificação. Este termo é usado especialmente em biologia para se referir a uma classificação principalmente ordenada e hierárquica dos seres vivos.

TULSMA: Texto Único de Direito Ambiental Secundário.

CAPÍTULO 2

MATERIAIS E MÉTODOS

5.1 Materiais

No presente inquérito, foram utilizados os seguintes equipamentos, ferramentas e instrumentos:

5.1.1 Equipamento

- Marca de GPS: Trimblejuno SB ID No. jup66410
- Marca da máquina fotográfica: Konica NLT-7D N° 9896R6R7R76.
- Microscópio

5.1.2 Ferramentas

- Botas de borracha
- Pinças
- Rede de nylon do tipo D 250 inn
- Luvas
- Frascos de plástico pequenos de 10 ml.
- Álcool anti-séptico75%.
- Caderno de campo
- Lente de aumento
- Avental

5.1.3 Instrumentos

- Localização política da cidade de Puyo Escala: 1:260:000

5.2 Métodos

5.2.1 Localização da zona de estudo

O estudo foi realizado no Rto Chichico, situado na freguesia de Tarqui, zona rural do cantão de Puyo, a cerca de 10 minutos da cidade de Puyo; a zona de estudo foi delimitada a 100 metros do rio em quatro pontos para a recolha de amostras com o objetivo de analisar a situação do recurso hídrico para a sua utilização (GAD Tarqui).

5.2.2 Localização política

[2]A paróquia urbana de Puyo tem uma extensão de 104 km. Como vimos, quando falamos de Puyo como capital cantonal do cantão de Pastaza e capital da província, o seu perímetro urbano é cada vez mais extenso, o que obrigou o município a alargar o seu perímetro urbano, cujos limites actuais são

- Norte: Com as paróquias de Puyo e Veracruz.
- Sul: Com a freguesia de Madre Tierra.
- Leste: Com as paróquias de Pomona e Madre Tierra.
- Oeste: Com as paróquias Madre Tierra e Shell.

Figura 1 Localização política

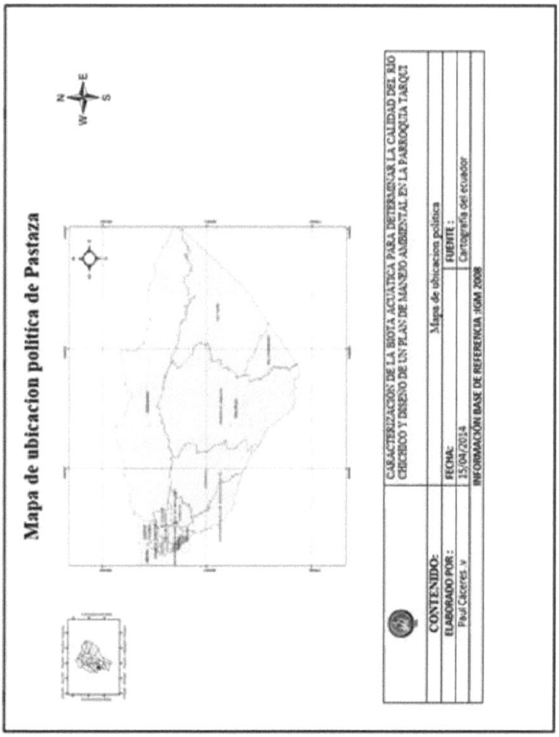

Elaborado por: O Autor

5.2.3 Localização geográfica

Puyo está estrategicamente localizado no centro da Amazónia equatoriana, a 4 horas de Quito e a 7 horas de Guayaquil.

Figura 2 Localização geográfica

UBICACIÓN GEOGRÁFICA DEL ÁREA DE ESTUDIO DE LA PARROQUIA TARQUI

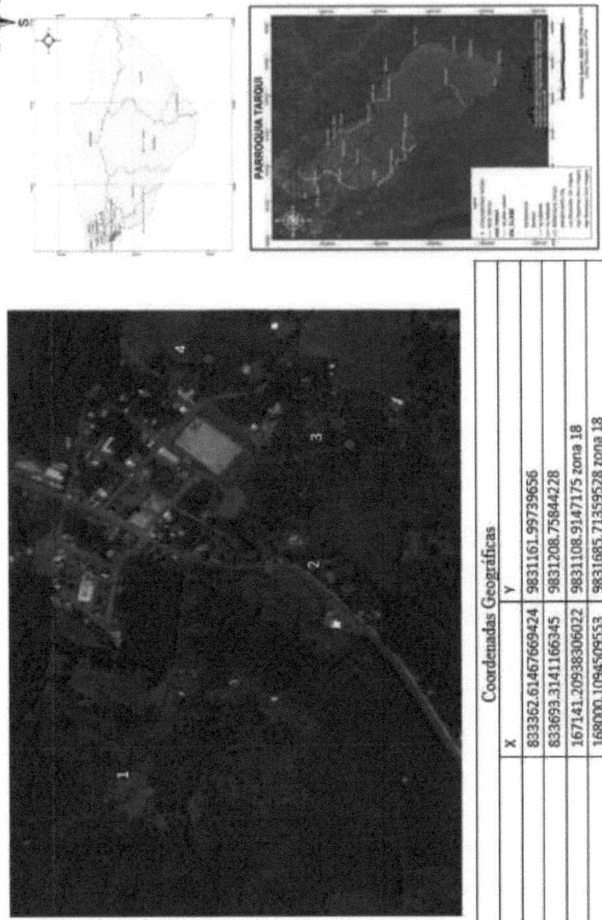

Nº	Coordenadas Geográficas	
	X	Y
1	833362.614676669424	9831161.997739656
2	833693.31411166345	9831208.758444228
3	167141.209383306022	9831108.91471175 zona 18
4	168000.10945095553	9831685.713559528 zona 18

Elaborado por: O Autor

5.3 Aspectos biofísicos e climáticos

5.3.1 Aspectos biofísicos:

a) Hidrografia

O sistema hidrográfico da freguesia de Tarqui é constituído pelas bacias dos rios Puyo e Putuimi. Outros rios importantes são os rios Salomé, Chichico, Pindo Grande, Chingushimi, Rosário Yacu e os estuários de Palimbe, Chicocoyak e Paliaba (GAD Tarqui).

b) Geomorfologia^a

A área analisada inclui parte do sopé sub-andino oriental, o piemonte próximo com cobertura de cinzas vulcânicas e as paisagens fluviais dos vales com terraços indiferenciados.

As caraterísticas fisiográficas da zona são determinadas pelos acontecimentos geológicos, tectónicos e climáticos ocorridos entre o Terciário Superior e o Quaternário, bem como pelos agentes erosivos que continuam a atuar ao longo do tempo (GAD Tarqui).

c) Flora

Tabela 3 Flora da cidade de Puyo

NOME COMUM	NOME CIEVHFICO	FAMÍLIA
Mani de Monte	*Caryodendron rhinocense*	Euphorbiaceae
Drago	*Croton sp*	Euphorbiaceae
Pambil	*Iriartea deltoidea*	Arecaceae
Uvas bravas	*Pouruma bicolor*	Ericaceae
Caimito	*Pouteria caimito*	Sapotáceas
Chontaduro	*Bactris gasipaes*	Arecaceae
Aji	*Capsicum chinense*	Solanáceas
Fruta-pão	*Artocarpus altilis*	Moráceas
Mai'z	*Zea mays*	Poaceae
Mandioca	*Manihot esculenta*	Euphorbiaceae
Cana-de-açúcar	*Saccharum officinarum*	Poaceae
Papaia	*Carica papaia*	Caricáceas
Banana	*Musa paradisiaca*	Musáceas
Orito	*Musa acuminatta*	Musáceas
Batata chinesa	*Colocasia esculenta*	Araceae
Batata-doce	*Ipomoea triloba*	Convolvuláceas
Morete	*Mauritia flexuosa*	Araceae
Achote	*Miconia sp.*	Tucano

Elaborado por: O Autor

d) Fauna

Quadro 4 Fauna da zona

NOME	NOME	FAMÍLIA
Esquilo	*Sciurus ingiventris*	Scyuridae
Danta	*Tapirus Pinchaque*	Cathartidae
Guatusa	*Dasyprocta fuliginosa*	Dasyproctidae
Coelho	*Silvilagus brasiliesis*	Leporídeos
Morcego pequeno	*Platyrrhinus lineatus*	Vespertilionídeos

Morcego de orelhas compridas	*Tonatia silvicola*	Vespertilionídeos
Raposa grande	*Didelphis marsupialis*	Mustelídeos

Elaborado por: O Autor

5.3.2 Aspectos climáticos:

a) Pisos climáticos.

O clima da região é quente e húmido devido à precipitação permanente, que atinge 4.000 mm/ano. Varia consoante as zonas climáticas e a altitude das populações. A luminosidade média é de 1003 horas/dia, com uma radiação muito baixa devido à cobertura permanente de nuvens (Plan vial de la Provincia de Pastaza 2013 - 2025).

A variedade de tipos de clima inclui:

- **Tropical: Muito húmido Temperado quente:** Corresponde ao

As temperaturas médias anuais situam-se entre os 14°C e os 18°C, e a precipitação média anual situa-se entre os 2.500 e os 3.000 mm. Esta unidade está localizada no extremo leste da província e ocupa 0,37% da superfície total (Plan vial de la Provincia de Pastaza 2013 - 2025).

- **Sub tropical: Muito húmido:** situa-se entre 700 e 1.200

A temperatura média anual situa-se entre 16 e 20 °C, com uma pluviosidade média anual de 2.000 a 4.000 mm. Esta unidade constitui 1,76 % da superfície total (Plan vial de la Provincia de Pastaza 2013 - 2025).

- **Sub Tropical: Chuvoso:** Este é um microclima localizado na

Trata-se de uma pequena porção de toda a província, cerca de 3% da bacia, e caracteriza-se por uma pluviosidade superior a 3.000 mm, com valores de 4.000 a 5.000 mm, com uma temperatura média de 22 a 24 °C, perto da localidade de Puyo (Plan vial de la Provincia de Pastaza 2013 - 2025).

- **Tropical: Húmido:** É típico de áreas entre 200 e 800 m acima do nível do mar,

onde se regista uma temperatura média anual de 22 e 26 °C e uma precipitação média anual de 2.000 a 4.000 mm. Esta unidade está localizada no extremo leste da província, afectando 93,72% da província (Plano Rodoviário da Província de Pastaza 2013 - 2025).

b) Clima

Para descrever as principais caraterísticas climáticas da paróquia de Tarqui, a análise destas condições foi feita a partir dos dados do INAHMI do ano 2010, da Estação Meteorológica de Puyo; as suas conclusões são praticamente válidas para todos os sectores geográficos, uma vez que as condições climáticas têm um carácter regional e praticamente não se alteram a curtas distâncias (INAHMI).

c) Precipitação

Em relação à quantidade de chuva que cai no território anualmente, como o clima da região é mega-térmico e chuvoso, o total de precipitação é de cerca de 4442 mm, de acordo com o seu carácter equatorial, a precipitação é abundante todos os meses, com máximos ligeiros a ocorrerem em março, abril, maio e junho, e mínimos a ocorrerem mais frequentemente nos meses de julho, agosto e setembro. Os meses mais chuvosos têm valores médios de 445,5 e os meses mais secos têm valores até 273,8 mm.

A cidade está sujeita a fortes chuvas durante a maior parte do ano, especialmente durante o período entre abril e julho. A precipitação média anual determinada na estação de Tena é de 3.898,3 mm (INAHMI).

d) Temperatura

O clima é tropical húmido, de tipo equatorial, ou seja, sempre quente e húmido. A temperatura média anual da região é de 20,8°C, com uma variabilidade muito baixa ao longo do ano. As máximas absolutas rondam os 32,6°C e as mínimas absolutas são de 12,1°C, com alguns dias e horas de frio (INAHMI).

e) Gama de altitude

A altitude do Tarqui oscila entre 838 e 1.091 metros acima do nível do mar e apresenta uma fisiografia variada que vai desde relevos sub-andinos, sopés amazónicos e paisagens fluviais (INAHMI).

5.4 Tipo de investigação:

A investigação corresponde a um desenho não experimental; baseia-se numa pesquisa de campo, descritiva e documental; consiste na observação direta, através de mapas, registos, recolha de dados, revisão bibliográfica, análises laboratoriais da água, índices biológicos para determinar a qualidade da água do rio Chichico.

Ter em consideração os processos a seguir e a aplicar, sendo de importância vital para a realização dos objectivos propostos.

a) Investigação descritiva - A investigação descritiva permite detalhar e explicar um problema ou objeto natural ou social, a fim de determinar as caraterísticas do problema observado.

A presente investigação permitiu reunir toda a informação necessária a partir de uma fonte direta, neste caso o rio Chichico, e a partir daí determinar as suas alterações nos factores bióticos.

b) Investigação de campo - Todo o processo de investigação necessita de ser analisado in situ para posterior análise em laboratório, pelo que no presente estudo, esta investigação foi fundamental, uma vez que a caraterização do biota aquático foi efectuada no rio Chichico, e a partir daí permitiu estabelecer os limites admissíveis para a qualidade da água.

c) **Pesquisa documental:** A pesquisa documental permitiu estabelecer todos os fundamentos teóricos e os métodos e técnicas a serem aplicados no monitoramento in situ, bem como estabelecer a proposta de gestão ambiental de acordo com os estudos realizados.

5.5 Determinar o procedimento para a amostragem e identificação de macroinvertebrados em quatro pontos do Rio Chichico.

Para a identificação dos macroinvertebrados no sítio de estudo, foram estabelecidos quatro pontos de amostragem:

5.5.1 Localização dos locais de amostragem

Os locais de amostragem foram georreferenciados a cada 100m, com a ajuda de um GPS portátil Trimblejuno SB ID No. jup66410, foi efectuado um percurso de reconhecimento a montante ao longo do rio Chichico, onde foram aplicadas as seguintes recomendações dadas por (Carrera e Fierro, 2001) (Ver Anexo 1 Pontos georreferenciados para amostragem de macroinvertebrados).

Tomando em consideração e colocando a nós próprios as seguintes questões:

- ¿A costa tem vegetação abundante?
- Existem zonas com uma grande variedade de espécies animais e plantas?
- ¿Existem culturas perto do rio?
- Há gado na bacia hidrográfica próxima?
- ¿zonas do rio canalizadas, represadas ou desviadas para irrigação?
- ¿A água é clara e límpida?
- Tem algum cheiro estranho?
- Há lixo, plantas ou troncos a cortar o fluxo de água e criar piscinas?
- ¿São lançados no rio resíduos sólidos ou industriais?
- ¿Há colapsos bancários?
- ¿O rio tem muitos riachos, poças e rápidos, um dos quais é um continuação de outra?

5.5.2 Recolha de amostras

A amostragem foi efectuada com uma rede Surber de 30 x 30 cm de superfície e 0,5 mm de abertura de malha, de acordo com (Carrera e Fierro, 2001). O arco foi colocado no fundo contra a corrente e o material do fundo, no interior da base ou da armação metálica, foi retirado com as mãos durante um minuto; para o efeito, o arco foi colocado num dos lados da rede, de modo a não bloquear a corrente de água com o corpo e impedir a entrada de sedimentos na rede.

Uma vez recolhido o sedimento, as amostras recolhidas foram colocadas num tabuleiro branco para melhor visibilidade, onde os macroinvertebrados foram separados do sedimento e de outras partículas.

5.5.3 Acompanhamento e controlo

Na fase de campo, foram recolhidas quatro amostras, uma para cada ponto de amostragem ao longo do Rto Chichico, a distância é definida a cada 100m; para identificar as famílias de macroinvertebrados existentes.

5.5.4 Fixação da amostra

Os macroinvertebrados recolhidos foram colocados em frascos de plástico de 10 ml, tendo sido utilizado álcool a 70% para preservar a amostra.

5.5.5 Etiquetagem e transporte da amostra

Os contentores foram etiquetados com as seguintes informações: código, data, nome da pessoa que efectuou a amostragem, coordenadas e depois levados para o laboratório da Escola Superior Politécnica de Chimborazo (ESPOCH) para identificação.

5.5.6 Análises laboratoriais

No laboratório, as amostras foram separadas e os macroinvertebrados foram retirados do substrato com o auxílio de uma pinça de relojoeiro e, em seguida, colocados em uma placa de Petri e levados ao microscópio para identificação, onde foram observadas as caraterísticas físicas.

Os macroinvertebrados recolhidos foram armazenados em tubos de ensaio com álcool a 70%. Os espécimes foram identificados com chaves dicotómicas utilizadas para a entomofauna aquática neotropical (Dommguez e Fernandez, 2009; Fernandez. e Dommguez, 2005; Manzo, 2005; Merritt e Cummins, 1988; Roldan, 1988; Salles, 2006).

Foto 1

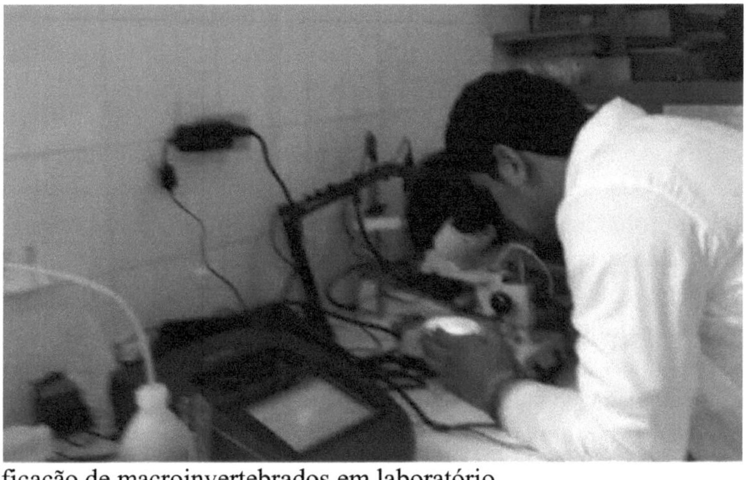

Identificação de macroinvertebrados em laboratório

5.5.7 Análise dos resultados

Uma vez identificadas as famílias de macroinvertebrados, foi calculado o índice EPT, que se refere à presença ou ausência das ordens Ephemeroptera, Plecoptera e Trichoptera numa comunidade biológica. As espécies destes grupos de insectos são sensíveis às perturbações humanas (Carrera e Fierro, 2005).

5.5.8 Índice EPT (Ephemeroptera, Plecoptera e Trichoptera)

Esta análise foi efectuada com base em três grupos de macroinvertebrados que são indicadores da qualidade da água porque são mais sensíveis aos poluentes. Estes grupos são: Ephemeroptera ou mayflies, Plecoptera ou stoneflies e Trichoptera. As fichas de campo devem ser aplicadas para a análise EFA.

Foi preenchida uma destas folhas para cada zona de amostragem. Uma vez identificados os grupos presentes em cada zona, o número de macroinvertebrados do grupo correspondente foi registado na coluna "**Abundância de indivíduos**" da ficha de campo. Se algum grupo não correspondesse a nenhum dos grupos listados, o número de indivíduos era registado na linha **Outros grupos**. Todos os números da coluna Abundância de indivíduos foram somados e o resultado foi registado no quadro **Total** (ver quadro 1 do anexo: Ficha de campo).

5.6 Avaliar a qualidade física e química da água do Rio Chichico.

5.6.1 Seleção dos pontos de amostragem:

Os locais de amostragem foram georreferenciados a cada 100m, com a ajuda de um GPS portátil Trimblejuno SB ID No. jup66410, procedeu-se a um percurso de reconhecimento a montante pelo Rto Chichico, onde se aplicou como referência a Norma Técnica Equatoriana NTE INEN 2 169:98.

5.6.2 Procedimento de recolha, conservação e armazenamento de amostras para o laboratório.

a) Tipo de amostras

- **Amostra composta:**

As amostras compostas foram obtidas manualmente, tendo sido recolhidas quatro amostras simples de forma contínua, em pontos diferentes, consoante a largura e a profundidade do rio, com a ajuda de um recipiente calibrado por litros, de modo a cumprir todas as condições e requisitos específicos para a análise laboratorial.

b) Encher o contentor

Para a análise dos parâmetros físico-químicos, os galões foram completamente cheios e imediatamente tapados de modo a que não houvesse ar na amostra.

c) Tipos de contentores de amostras

Foram utilizadas garrafas de polietileno com capacidade de um galão para recolher amostras para a análise dos parâmetros físicos e químicos das águas do

Rio Chichico.

d) Identificação e registo

Para a identificação e registo das amostras, foi preparado um papel timbrado com as seguintes informações:

- localização (e nome) do local de amostragem, com coordenadas

e quaisquer informações de localização relevantes;

- pormenores do ponto de amostragem;
- data de recolha;
- método de recolha;
- momento da recolha;

nome do coletor;

dados recolhidos no terreno.

Em seguida, foi imediatamente anexado ao galão após o preenchimento do papel timbrado (ver foto anexo 6,7).

e) Transporte da amostra

Os recipientes (galões) com as amostras foram colocados num refrigerador a uma temperatura de 4 - 5 °C e imediatamente enviados para o laboratório da Escuela Politecnica del Chimborazo (ESPOCH) para análise (ver foto 8 em anexo).

f) Parâmetros para análise laboratorial

Os parâmetros físico-químicos selecionados de acordo com os critérios técnicos do investigador, com base no Regulamento do Texto Único de Legislação Ambiental Secundária, Livro VI, Tabela N°01, sobre a utilização da água para consumo humano e uso doméstico, esta medida foi considerada, uma vez que a comunidade utiliza o recurso hídrico para consumo nas suas casas, Por isso, é de grande importância conhecer os limites máximos admissíveis contidos na água para estabelecer se cumpre ou não a normativa vigente, e determinar a qualidade da água que flui pelo rio Chichico, o que servirá para estabelecer medidas corretivas no Plano de Gestão Ambiental proposto.

Tabela 5 Parâmetros físico-químicos para determinar a qualidade da água do Rio Chichico.

ANÁLISE	PARÂMETROS	UNIDADE
	Sólidos dissolvidos Totais	mg/l
F^SICAL	Condutividade	^s/cm
	Potencial de hidrogénio	
	CBO	mg/l
PRODUTOS QUÍMICOS	COD	mg/l
	Oxigénio dissolvido	mg/l

	Fosfato	mg/l
	Nitrato	mg/l
	Nitritos	mg/l
	Sulfato	mg/l

Elaborado por: O Autor

5.7 Propor um plano de gestão com base nos resultados do análises biológicas e físico-químicas efectuadas no Rio Chichico.

Para propor soluções para os possíveis problemas ambientais existentes no Rto Chichico, é necessário incorporar o Plano de Gestão Ambiental, com o objetivo de mitigar, prevenir ou controlar os possíveis impactos gerados pelas diferentes actividades humanas ao longo das margens da área do rio em análise. Para o efeito, apresentamos a seguinte estrutura da proposta de Plano de Gestão Ambiental.

1. Introdução
2. Objetivo
3. Divulgação
4. Proposta de Plano de Gestão Ambiental
5. Programa de prevenção e atenuação ambiental
6. Programa de gestão de resíduos (PGR)
7. Programa de formação ambiental
8. Programa de reabilitação das zonas afectadas
9. Programa de monitorização ambiental
10. Orçamento-programa para o plano de gestão ambiental.

5.7.1 Introdução

O conteúdo deste item baseia-se nos problemas e objectivos desenvolvidos na presente investigação, informação que serve de base para a elaboração do Plano de Gestão Ambiental para a recuperação do Rto Chichico.

5.7.2 Objetivo

Os objectivos serão enquadrados de acordo com as necessidades de prevenção, controlo e mitigação de possíveis impactos negativos nas margens do Rto Chichico.

5.7.3 Âmbito de aplicação

Descreverá a área e os actores que estarão envolvidos no Plano de Gestão Ambiental.

5.7.4 Proposta de Plano de Gestão Ambiental

Neste capítulo detalha-se a conceção do Plano de Gestão Ambiental com os respectivos programas de execução propostos, com o objetivo de recuperar a qualidade da água do Rto Chichico.

a) Programa de Prevenção e Mitigação Ambiental: Baseado no critério de que é sempre melhor prevenir e minimizar a ocorrência de impactos ambientais e sociais negativos do que mitigá-los ou corrigi-los. As medidas de mitigação ambiental destinam-se a evitar ou reduzir os efeitos adversos do projeto ou atividade, qualquer que seja a sua fase de execução.

b) Programa de Gestão de Resíduos: Destina-se a estabelecer critérios para identificar, classificar, reciclar, reutilizar, controlar e eliminar resíduos degradáveis e não degradáveis, perigosos e não perigosos, industriais e domésticos a serem gerados, em conformidade com os regulamentos e normas ambientais.

c) Programa de Formação Ambiental: Identificando os conteúdos mínimos necessários para que as pessoas possam realizar as tarefas de uma boa gestão dos recursos hídricos.

d) Programa de reabilitação ambiental: Trata-se da recuperação, ao longo do tempo, da morfologia e do coberto vegetal das zonas afectadas.

e) Programa de Monitorização: Centrado na obtenção de informação analítica para: Acompanhamento relacionado com a recuperação das áreas intervencionadas e/ou afectadas.

f) Programa orçamental para o plano de gestão ambiental: onde é discriminado o custo de cada um dos programas a executar:

CAPÍTULO 3

RESULTADOS

6.1 Identificar a presença de macroinvertebrados em quatro pontos do Rio Chichico.

No ponto 1 do rio Chichico, foram identificadas 14 famílias, distribuídas em 5 ordens pertencentes à classe dos insectos, espécies que foram observadas durante o levantamento de campo nos meses de maio, junho e julho de 2014, informação que está indicada na Tabela 1 (ver foto anexo 9,10).

Quadro 1 Resultados do ponto de amostragem 01

REINO	PHYLU M	CLASSE	ORDEM	FAMÍLIA	ABUNDANCI A		ÍNDICE EPT
					N	%	PRESENTE S
Animais a	Artrópode a	Inseto a	Efemeróptero a	Baetidae		21,74	
Animais a	Artrópode a	Inseto a	Dípteros	Ceratopogonida e		4,35	0
Animais a	Artrópode a	Inseto a	Dípteros	Quironomida e	5	5,43	0
Animais a	Artrópode a	Inseto a	Neuroptera	Corydalidae		6,52	0
Animais a	Artrópode a	Inseto a	Coleópteros	Elmidae	8	8,70	0
				Euthyplociidae		2,17	
				Glossosomatide e	1	1,09	1
Animais a	Artrópode a	Inseto a	Tricópteros	Hydropsychida e		16,30	
Animais a	Artrópode a	Inseto a	Tricópteros	Leptocerídeos	10	10,87	10
Animais a	Artrópode a	Inseto a	Tricópteros	Leptohyphidae	5	5,43	5
				Oligochaeta		2,17	0
				Oligoneuride e		3,26	
				Perlídeos	5	5,43	5
				Philopotamidae	1	1,09	1
				Outros grupos	5	5,43	0
				TOTAL	92	100	
				EPT TOTAL - ABUNDÂNCIA TOTAL	ABUNDÂNCIA TOTAL		62- 92 = 0,63 0,63 x 100 = 63%

Elaborado por: O Autor

Na tabela 6, verifica-se que, de acordo com a metodologia do índice EFA, a qualidade da água no ponto de amostragem n.º 01 é considerada boa, uma vez que a sua classificação é de 63%.

Gráfico 3

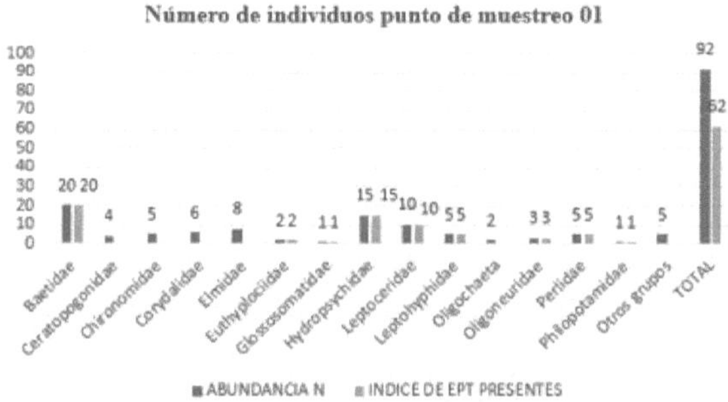

Elaborado por: O Autor

Interpretação: de acordo com o gráfico 3, foram identificados 20 indivíduos correspondentes à família Baetidae, que são insectos adaptados a viver em habitats aquáticos muito diferentes, são bons nadadores, certas espécies são sensíveis à contaminação, mas também há espécies tolerantes a níveis moderados de contaminação orgânica, pelo que se pode determinar que, de acordo com o número de exemplares encontrados no Rto Chichico, têm um baixo nível de matéria orgânica.

Também encontrámos 4 indivíduos correspondentes à família Ceratopogonidae, estes insectos pertencem ao grupo dos d^ptera, adaptam-se a diferentes ambientes, como encontrámos um número relativamente baixo, não pode ser tomado como um indicador para a avaliação da qualidade do Rto Chichico.

No caso da família **Chironomidae, foram encontrados 5 indivíduos, que são indicadores biológicos que determinam a presença de** oxigénio, mas devido ao seu pequeno número não podem ser tomados como um indicador para a avaliação da qualidade do rio Chichico.

Família Corydalidae, foram encontrados 6 espécimes, este tipo de insectos era fácil de identificar porque tinham asas grandes com venação saliente, as anteriores eram ligeiramente maiores do que as posteriores, foram observados três ocelos na cabeça e antenas filiformes, como as suas larvas são bons indicadores da qualidade da água, foi determinada uma qualidade boa, mas não elevada.

Família: Elimidae, foram recolhidos 8 exemplares que vivem em ribeiros e rios, tanto larvas como adultos foram encontrados no ponto de amostragem número um, estes exemplares foram encontrados em zonas onde se acumulam restos de plantas, das quais se alimentam, necessitam de água oxigenada, pelo que é um exemplar que pode ser associado à qualidade da água, os exemplares encontrados foram em número reduzido pelo que não podemos falar de uma qualidade óptima da água no Rio Chichico.

Família: Euthyplociidae Foram encontrados **2 exemplares** no Rio Chichico, apenas dois adultos, cinzentos, acastanhados escuros, com uma risca médio-clara no abdómen, asas grandes e uma envergadura de 70 mm. Como são bons indicadores de água limpa, o baixo número de exemplares indica que a qualidade da água do rio é inadequada.

Família: Glossosomatidae Foi encontrado 1 exemplar em larva numa zona de substrato pedregoso do Rio Chichico, as suas caraterísticas físicas observadas foram em forma de grão de café, fundo plano e duas aberturas, estes exemplares são considerados como indicadores da qualidade da água, pelo que só pelo facto de se encontrar um único exemplar, considera-se que a qualidade da água do Rio Chichico é boa.

Rto Chichico, não adequado, de acordo com os outros exemplares encontrados.

Estes espécimes foram facilmente reconhecidos pelas suas brânquias abdominais ventrais e tórax completamente esclerotizado. Estas famílias foram encontradas ao longo do rio e, no caso dos Hydropsychidae, não são consideradas grupos indicadores da qualidade da água. Os seus números não são indicativos de alta ou baixa qualidade da água no Rio Chichico.

Família: Leptohyphidae 10 exemplares, Os exemplares de Leptohyphidae foram descritos pelo seu corpo ligeiramente achatado, com mesotórax largo, as suas patas com fémures largos e no primeiro par uma fila transversal de cerdas ou espinhos, os indivíduos foram encontrados no rio numa zona de folhiço, sendo uma família que se adapta facilmente a diferentes ambientes e qualidades de água, não é um exemplar que nos ajude a determinar a qualidade óptima da água do Rio Chichico.

Família: Leptoceridae 5 espécimes, Encontrados

exemplares com caixas longas de composição variada, o terceiro par de patas foi observado muito mais comprido, sendo esta família muito sensível à contaminação e indicadores de boa qualidade, devido ao baixo número de exemplares encontrados, determina-se que não existe um ambiente ótimo.

Família: Oligochaeta 2 exemplares, este grupo era heterogéneo, este exemplar adapta-se a diferentes ambientes, são um grupo eminentemente detritívoro, são muito abundantes em águas ricas em matéria orgânica, pelo que se poderia determinar que no Rio Chichico há baixa distribuição de matéria orgânica, São muito sensíveis à contaminação química, o que pode denotar a incidência da mesma, por só encontrar dois exemplares, muitas destas famílias podem viver em condições de anoxia, o que as torna úteis como indicadores de alta qualidade, objeto de estudo nesta investigação.

Família Oligoneuridae 3 exemplares, na amostragem observámos este grupo com corpo achatado muito caraterístico e hidrodinâmico, o que lhes permite viver em zonas de forte corrente, este grupo com elevadas exigências térmicas, mas consegue suportar algum grau de poluição orgânica, e encontrado em baixo número concorda com os exemplares anteriores em que na Rto Chichico a quantidade de matéria orgânica é baixa.

Família Perlidae 5 exemplares, foram encontradas larvas grandes, de cores vivas, com brânquias torácicas em pluma, este tipo de exemplar vive em riachos e rios de água oxigenada, esta família são predadores activos de outros pequenos invertebrados e podem tornar-se cambaleantes e comer outros pequenos do seu grupo, sendo neste caso bons indicadores da qualidade ambiental, considera-se que só por ter encontrado 5 exemplares, a qualidade do Rto Chichico não é adequada.

Família Philopotamidae 1 exemplar, um único tricóptero foi encontrado com larvas livres, cujo esclerito dorsal e cabeça eram de cor laranja, neste caso necessitam de uma elevada concentração de oxigénio e são por isso excelentes indicadores de boa qualidade.

Quadro 2 Resultados do ponto de amostragem 02

REINO	PHYLU M	CLASSE	ORDEM	FAMÍLIA	ABUNDANCI A		TAXA DE EPT PRESENTE S
					N	%	
Animais a	Artrópode a	Inseto a	Efemeróptero a	Baetidae L.		16,48	
Animais a	Artrópode a	Inseto a	Dípteros	Ceratopogonida e		4,40	0
Animais a	Artrópode a	Inseto a	Dípteros	Chironomidae		4,40	0
Animais a	Artrópode a	Inseto a	Neuroptera	Corydalidae	8	8,79	0
Animais a	Artrópode a	Inseto a	Coleópteros	Elmidae		9,89	0
				Euthyplociidae	1	1,10	1
				Glossosomatide e		2,20	
				Hydrobiosidae	5	5,49	5
Animais a	Artrópode a	Inseto a	Tricópteros	Hydropsychida e		4,40	
Animais a	Artrópode a	Inseto a	Tricópteros	Leptocerídeos	5	5,49	5
Animais a	Artrópode a	Inseto a	Tricópteros	Leptohyphidae	5	5,49	5
Animais a	Artrópode a	Inseto a	Tricópteros	Leptophlebiida e	1	1,10	1
				Oligoneurídeos		2,20	
				Perlídeos	1	1,10	1
				Philopotamidae		6,59	
				Psephenidae	5	5,49	0
				Ptilodactylidae	1	1,10	0
				Pyralidae		3,30	0
				Outros grupos	10	10,99	0
				TOTAL	91	100	
				EPT TOTAL - ABUNDÂNCIA TOTAL	ABUNDÂNCIA TOTAL		■I - 91 = 0,51 0,51 x 100 = 51%

Elaborado por: O Autor

De acordo com a metodologia do índice EFA, a qualidade da água no ponto de amostragem n.º 02 é considerada boa, uma vez que é classificada em 51%.

Gráfico 4

Elaborado por: O Autor

Interpretação: De acordo com o gráfico, foram encontradas 4 famílias semelhantes no ponto de amostragem número um, entre as quais Baetidae 15, Ceratopogonidae 4, Chironomidae 4, Corydalidae 8, Euthyplociidae 1, Glossomatidae 2, Hydropsychidae 5, Leptohyphidae 5, Oligoneuriidae 2, Perlidae 1, Philopotamidae 6 e Leptoceridae 5, para as quais se determinou a sua análise à desenvolvida nos resultados do ponto de amostragem número um, dando importância às famílias que não foram encontradas neste ponto como se detalha a seguir:

Família: Hydrobiosidae Foram encontrados no local de estudo **4 exemplares,** 5 insectos canela de cor castanha escura, o seu tamanho médio era de 10mm, com caraterísticas como: antenas quase tão longas como as asas, estes indivíduos foram encontrados em pedras no rio.

Família: Leptophlebiidae 1 exemplar: É a família menos representativa, com apenas um exemplar encontrado numa zona com folhiço em decomposição e fungos; no caso deste indivíduo, sendo um grupo que não tolera a contaminação nem a alteração da vegetação ribeirinha, são por isso considerados excelentes indicadores de qualidade, pelo que se determina que a água do Rto Chichico não é de óptima qualidade.

Família: Psephenidae 5 espécimes, estes coleópteros foram identificados pelo seu corpo achatado, oval, pubescente, com pernas curtas, sendo estes espécimes considerados como indicadores de água limpa devido às suas elevadas necessidades de oxigénio e tendo em consideração o baixo número de espécimes, pode determinar-se que a qualidade da água do rio não é óptima.

Família: Ptilodactylidae 1 exemplar, este único exemplar foi identificado pelo seu corpo cilíndrico e completamente esclerotado de cor castanha clara ou relativamente escura, as suas longas antenas, patas torácicas relativamente pequenas, este indivíduo é sensível à poluição, cuja presença numa grande população indica uma água de muito boa qualidade, ao ter apenas um exemplar determina-se que a água do Rto não é de boa qualidade.

Família: Pyralidae 3 exemplares, estes três exemplares foram encontrados numa zona pedregosa, estes indivíduos com bons indicadores de água, o seu número relativamente baixo denota a baixa qualidade da água do sector.

Quadro 3 Resultados do ponto de amostragem 03

REINO	PHYLU M	CLASSE	ORDEM	FAMÍLIA	ABUNDÂNCIA		ÍNDICE EPT PRESENTE S
					N	%	
Animália	Artrópode a	Insectos	Efemeróptero a	Baetidae	18	38,30	18
Animália	Artrópode a	Insectos	Dípteros	Ceratopogonídeos		8,51	0
Animália	Artrópode a	Insectos	Dípteros	Chironomidae		4,26	0
Animália	Artrópode a	Insectos	Neuroptera	Corydalidae		12,77	0
Animália	Artrópode a	Insectos	Coleópteros	Elmidae		8,51	0
				Hirudíneos		8,51	0
				Hydrobiosidae		6,38	
				Leptohyphidae		4,26	
				Outros grupos		8,51	0
				TOTAL		100	23
				TOTAL EPT - ABUNDÂNCIA TOTAL	ABUNDÂNCIA TOTAL		28- 47 = 0,59 0,59 x 100 = 59%

Elaborado por: O Autor

De acordo com a metodologia do índice EFA, a qualidade da água no ponto de amostragem n.º 03 é considerada razoável, com um valor de 59%.

Gráfico 5

Número de indivíduos no ponto de amostragem 03

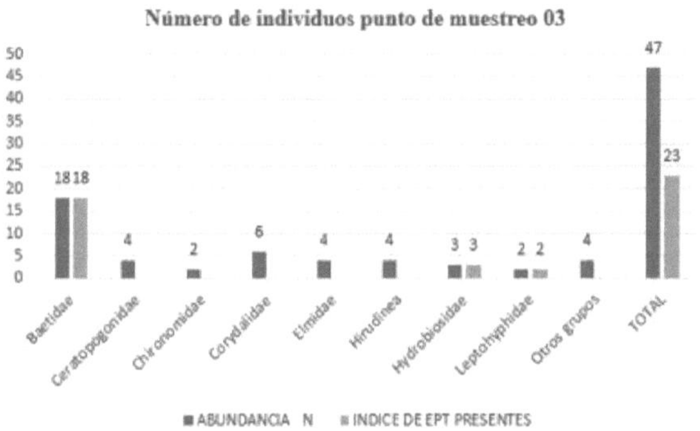

Elaborado por: O Autor

Interpretação: No gráfico número cinco, foram identificadas espécies semelhantes nos pontos de amostragem um e dois, tais como: Baetidae 38,30%, Ceratopogonidae 8,51%, Chironomidae 4,26%, Corydalidae 12,77%, Leptohyphidae 4,26%, onde se encontra a respectiva análise para este caso, como novas famílias temos as seguintes:

Família: Hirudinea 4 exemplares, esta classe do filo dos anelídeos foi encontrada em número reduzido, foram fáceis de identificar, pois são as conhecidas sanguessugas, são bons indicadores da qualidade ambiental, como no caso das outras famílias identificadas, pois devido à sua população relativamente baixa determinam a baixa qualidade da água.

Família: Hydrobiosidae 3 exemplares, foi encontrado um número muito baixo desta família, os insectos encontrados apresentavam caraterísticas como: cor canela a castanho escuro, com zonas de cores claras ou escuras em padrões marcantes, nas asas dianteiras, estes exemplares denotam a qualidade da água, pelo que pelo seu número, se estabelece que a qualidade não é óptima.

Quadro 4 Resultados do ponto de amostragem 04

REINO	PHYLU M	CLASSE	ORDEM	FAMÍLIA	ABUNDANCI A		ÍNDICE EPT PRESENTE S
					N	%	
Animais a	Artrópode a	Inseto a	Efemeróptero a	Baetidae	10	32,26	10
Animais a	Artrópode a	Inseto a	Dípteros	Chironomidae		6,45	0
Animais a	Artrópode a	Inseto a	Neuroptera	Corydalidae		19,35	0
Animais a	Artrópode a	Inseto a	Coleópteros	Elmidae		12,90	0
				Hirudíneos		12,90	0
Animais a	Artrópode a	Inseto a	Tricópteros	Hydrobiosidae	1	3,23	1
Animais a	Artrópode a	Inseto a	Tricópteros	Leptohyphidae		6,45	
				Outros grupos		6,45	0
				TOTAL	31	100	
				EPT TOTAL - ABUNDÂNCIA TOTAL	ABUNDÂNCIA TOTAL		13- 31 = 0,38 0,38 x 100 = 38%

Elaborado por: O Autor

De acordo com a metodologia do índice EFA, a qualidade da água no ponto de amostragem n.º 04 é considerada razoável, uma vez que o seu valor é de 38%.

Gráfico 6

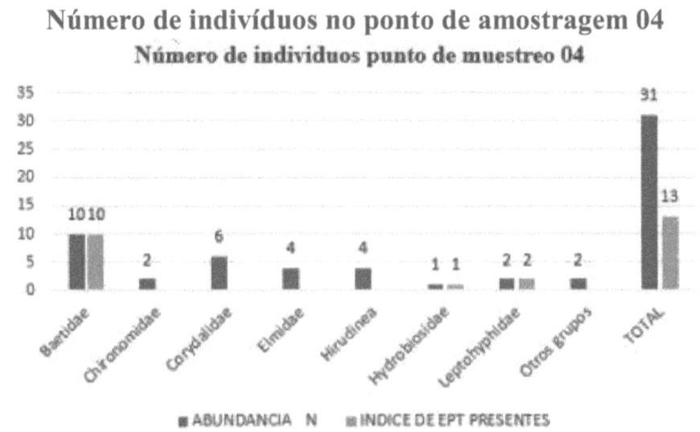

Elaborado por: O Autor

Interpretação: No gráfico número seis, são determinadas espécies semelhantes aos pontos anteriores, não foram distinguidas novas espécies, pelo que a análise se mantém, encontrando-se Baetidae 10, Chironomidae 2, Corydalidae 6, Elmidae 4, Hirudinea 4, Hydrobiosidae 1%, Leptohyphidae 2%, outros grupos 2.

6.2 Avaliar a qualidade física e química da água do Rio Chichico.

Para a presente investigação, foram recolhidas amostras de água nos quatro pontos acima indicados, para os quais o uso da água foi estabelecido em limites máximos admissíveis para a água destinada ao consumo humano e uso doméstico, que apenas requerem tratamento convencional de acordo com a Tabela 1 do Livro VI Anexo 1 da norma de qualidade ambiental e de descarga de efluentes do Texto Unificado de Legislação Ambiental Secundária (ver anexo foto, 7).

Na análise laboratorial foram determinados os seguintes limites admissíveis:

Quadro 5 Resultados laboratoriais no ponto de amostragem 01

Determinações	Unidades	Método	Limite TULAS	Resultados	CUMPRIMENTO
pH	Und	4500-B	6 - 9	6,17	SIM
Condutividade	LtSiems/cm	2510-B		37,2	-
COD	mg/L	5220-C		1	-
CBO	mg/L	5210-B	2,0	1	SIM
Oxigénio dissolvido	mg/L	4500-O-C	Não inferior a 6 mg/l	6,2	SIM
Nitratos	mg/L	4500-NO3-C	10,0	<0.01	SIM
Nitritos	mg/L	4500-NO2-B	1,0	0.009	SIM
Fosfatos	mg/L	4500-P-D		0.08	-
Ferro	mg/L	3500-Fe-D	1,0	0.71	SIM
Sólidos totais dissolvidos	mg/L	2540-C	1.000	14.9	SIM

Elaborado por: O Autor

De acordo com a análise efectuada em laboratório, determina-se que, no ponto de amostragem n.º 01, todos os parâmetros cumprem os limites admissíveis, mas, no entanto, existe a presença de matéria orgânica, devido à ligeira alteração da carência bioquímica de oxigénio e dos nitratos e nitritos (ver anexo foto 11: Ponto 1).

Os elementos orgânicos existem em duas formas: biodegradáveis e não biodegradáveis. As substâncias biodegradáveis são utilizadas pelos microrganismos como alimento. Para as oxidar ou reduzir, os microrganismos necessitam de oxigénio. A carência biológica de oxigénio, que é a medida da quantidade de oxigénio de que os microrganismos necessitam para degradar os elementos orgânicos contidos na água, é portanto prejudicial à própria vida e ao desenvolvimento dos macroinvertebrados.

Presença de nitratos existe uma ligeira presença de nitratos, este parâmetro afecta o equilíbrio e diminui o nível de oxigénio na água, neste meio os nitratos actuam também como fertilizantes para a vegetação aquática de tal forma que, se se concentrarem, podem provocar a eutrofização do meio. Num meio eutrofizado há uma proliferação de espécies como as algas e outras plantas verdes que cobrem a superfície. Este fenómeno leva a uma diminuição da capacidade fotossintética dos organismos aquáticos, com a consequente morte de peixes ou outras espécies aquáticas e perda de biodiversidade.

Quadro 6 Resultados laboratoriais no ponto de amostragem 02

Determinações	Unidades	Método	Limite TULAS	Resultados	CUMPRIMENTO
pH	Und	4500-B	6 - 9	6,14	SIM
Condutividade	LtSiems/cm	2510-B			-
COD	mg/L	5220-C			-
CBO	mg/L	5210-B	2,0		NÃO
Oxigénio dissolvido	mg/L	4500-O-C	Não inferior a 6 mg/l	6,15	SIM
Nitratos	mg/L	4500-NO3-C	10,0	<0.01	SIM
Nitritos	mg/L	4500-NO2-B	1,0	0.01	SIM
Fosfatos	mg/L	4500-P-D		0.02	-
Ferro	mg/L	3500-Fe-D	1,0	0.64	SIM
Sólidos totais dissolvidos	mg/L	2540-C	1.000	6.8	SIM

Elaborado por: O Autor

De acordo com a análise efectuada em laboratório, determina-se que o ponto de amostragem n.º 02 não cumpre os limites admissíveis descritos nas TULAS, em termos dos parâmetros de carência bioquímica de oxigénio (ver anexo foto 12: - Análise laboratorial Ponto 2).

Esta variável mostra a influência antropogénica do ponto de vista da afetação pela presença de centros urbanos e industriais, sendo a CBO, a quantidade de oxigénio necessária para degradar a matéria orgânica presente na água por via biológica, quanto maior o valor mais poluída está a água, logo, não permite a vida e o desenvolvimento dos macroinvertebrados, podendo ser esta uma explicação para o baixo número de exemplares encontrados.

Quadro 7 Resultados laboratoriais no ponto de amostragem 03

Determinações	Unidades	Método	Limite TULAS	Resultados	CUMPRIMENTO
pH	Und	4500-B	6 - 9	6,24	SIM
Condutividade	^Siems/c m	2510-B		19.4	-
COD	mg/L	5220-C		19.0	-
CBO	mg/L	5210-B	2,0		NÃO
Oxigénio dissolvido	mg/L	4500-O-C	Teor não inferior a 6 mg/l	5.51	NÃO
Nitratos	mg/L	4500-NO3-C	10,0	<0.01	SIM
Nitritos	mg/L	4500-NO2-B	1,0	0.011	SIM
Fosfatos	mg/L	4500-P-D		0.01	-
Ferro	mg/L	3500-Fe-D	1,0	1.49	NÃO
Sólidos totais dissolvidos	mg/L	2540-C	1.000	7.7	SIM

Elaborado por: O Autor

De acordo com a análise efectuada em laboratório, determina-se que o ponto de amostragem n.º 03 não cumpre as exigências bioquímicas de oxigénio, oxigénio dissolvido e ferro, de acordo com os regulamentos TULAS (ver foto 13 do anexo: análise laboratorial do ponto 3).

Da mesma forma que nos pontos de amostragem 1 e 2, este ponto também não cumpre os limites admissíveis de CBO, e como é um parâmetro que permite determinar as necessidades de oxigénio para a degradação bioquímica da matéria orgânica na água, o seu excesso não permite o desenvolvimento ótimo da vida aquática.

No caso do Ferro, o Hmite admissível é de 1mg/l, e os resultados laboratoriais dão-nos um valor de 1,49 mg/l, o excesso deste parâmetro não permite o desenvolvimento de vida na água.

Quadro 8 Resultados laboratoriais do ponto de amostragem 04

Determinações	Unidades	Método	Limite TULAS	Resultados	CUMPRIMENTO
Ph	Und	4500-B	6 - 9	6,04	SIM
Condutividade	LtSiems/cm	2510-B		29.3	-
COD	mg/L	5220-C		22.0	-
CBO	mg/L	5210-B	2,0	16.0	NÃO
Oxigénio dissolvido	mg/L	4500-O-C	Teor não inferior a 6 mg/l	5.83	NÃO
Nitratos	mg/L	4500-NO3-C	10,0	<0.01	SIM
Nitritos	mg/L	4500-NO2-B	1,0	0.011	SIM
Fosfatos	mg/L	4500-P-D		0.25	-
Ferro	mg/L	3500-Fe-D	1,0	1.03	NÃO
Sólidos totais dissolvidos	mg/L	2540-C	1.000	11.7	SIM

Elaborado por: O Autor

De acordo com as análises efectuadas em laboratório, foi determinado que o ponto de amostragem número 4 não cumpre a regulamentação em vigor em termos de carência bioquímica de oxigénio, oxigénio dissolvido e ferro (ver foto 4 em anexo: análise laboratorial do ponto de amostragem 4).

4).

Da mesma forma, este ponto de amostragem também não cumpre o CBO, que permite o processo biológico de purificação natural da água, pelo que a água está poluída com matéria orgânica, diminuindo o oxigénio necessário para a vida aquática normal.

No caso do Oxigénio Dissolvido, é a quantidade de oxigénio que se encontra dissolvido na água. É um indicador do grau de poluição da água, ou seja, é o suporte da vida vegetal e animal nos rios, neste ponto de amostragem não cumpre os limites admissíveis, nos limites admissíveis mais baixos alguns peixes e macro invertebrados não conseguem sobreviver.

A presença de ferro provoca precipitação e coloração indesejável, mas quando entra em contacto com o Rtos persiste e não condiciona a vida adequada dos organismos.

6.3 Propor um plano de gestão baseado na caraterização do leito do rio Chichico.

6.3.1 Plano de gestão ambiental

a) Introdução

O Plano de Gestão Ambiental (PGA) é um instrumento de gestão que permite planear, definir e facilitar a aplicação de medidas ambientais destinadas a prevenir, corrigir, mitigar e/ou compensar os impactos ambientais identificados na presente investigação, impactos esses gerados pelas actividades agrícolas, pecuárias e domésticas realizadas diariamente pelos habitantes que vivem nas margens do rio Chichico, na freguesia de La Tarqui.

b) Objetivo

Proporcionar aos habitantes da freguesia de La Tarqui alternativas ambientalmente adequadas para a implementação de programas de gestão ambiental técnica e economicamente viáveis, que deverão ser socializados e aplicados à comunidade pelas instituições seccionais com competência na área ambiental.

c) Divulgação

O Plano de Gestão Ambiental apresenta uma série de medidas para proteger, recuperar e salvaguardar os recursos hídricos do rio Chichico, ao mesmo tempo que sensibiliza os habitantes e as autoridades da comunidade da freguesia de La Tarqui para a importância do cuidado que deve ser prestado a este recurso.

d) Programa de prevenção e atenuação ambiental

O desenvolvimento do presente programa constitui um instrumento básico de gestão ambiental que determina e define as diferentes acções que permitem prevenir, corrigir, mitigar e/ou compensar os impactos ambientais gerados nos diferentes recursos florísticos, faunísticos, paisagísticos, recreativos e turísticos, pela ação das diferentes actividades humanas que se realizam diariamente na freguesia de La Tarqui.

- **Objectivos**

Propor medidas de prevenção e mitigação dos impactos gerados pelas diferentes actividades económicas e domésticas dos habitantes da freguesia de La Tarqui.

Quadro 6 Implementar um sistema de controlo ambiental dos efluentes.

Impacto n.º 1: Contaminação da água do rio Chichico, devido a descargas de efluentes de oficinas mecânicas, máquinas de lavar e máquinas de lubrificar automóveis.

Tipo de auxílio: Prevenção e controlo.

Impacto a controlar: Contaminação da água do rio Chichico. **Objetivo:** Implementar um sistema de controlo ambiental nas máquinas de mecânica, lavagem e lubrificação para evitar a contaminação da água do rio Chichico.

Ação de mitigação: As máquinas de lavar roupa devem cumprir as normas regulamentadas no regulamento municipal para este tipo de atividade, o estabelecimento deve dispor de uma área completamente cimentada, coberta, com baldes para evitar derrames de óleos e gorduras, canais para recolher a água do processo de lavagem, caixas de gordura e um local específico para o armazenamento de resíduos, lamas, filtros, etc.

Indicadores de conformidade : Número de estabelecimentos que cumprem a norma ambiental.	**Meios de verificação:** Relatório de inspecções da Unidade de Gestão Ambiental do Município.
Responsável pela execução, controlo e acompanhamento Os responsáveis pela execução desta medida serão o proprietário e a Câmara Municipal do Cantão de Puyo, através da Unidade de Gestão Ambiental.	
Orçamento: **Total:** $ 5.000,00.	

Elaborado por: O Autor.

Caixa 7 Separar as gorduras e os óleos dos efluentes domésticos.

Impacto n.º 2: Contaminação da água do rio Chichico, devido à descarga de efluentes das casas localizadas na margem do rio.	
Tipo de auxílio: Prevenção e controlo.	
Impacto a controlar: Contaminação da água do rio Chichico.	
Objetivo: Separar os óleos e gorduras dos efluentes gerados pelas actividades domésticas para posterior descarga no rio Chichico.	
Ação de mitigação: As habitações devem estar equipadas com um filtro de gorduras, um dispositivo de controlo de óleos e gorduras e, se necessário, construir uma fossa séptica impermeável.	
Indicadores de conformidade : Número de agregados familiares que constroem uma caixa de gordura ou uma fossa séptica estanque.	**Meios de verificação:** Relatório de inspecções da Unidade de Gestão Ambiental do Município.
Responsável pela execução, controlo e acompanhamento Os responsáveis pela execução desta medida serão os proprietários de	

cada casa e o controlo e acompanhamento serão da responsabilidade da Câmara Municipal do Cantão de Puyo, através da Unidade de Gestão Ambiental.

Orçamento: Realização de uma fossa séptica e de um filtro de gorduras por habitação

Total: $ 3.000,00

Elaborado por: O Autor.

e) Programa de gestão de resíduos (PGR)

O objetivo da gestão dos resíduos é garantir que os resíduos sólidos, os resíduos perigosos e os excedentes sólidos sejam geridos com critérios ambientais e ecológicos, de modo a não contaminar o Rto Chichico e a não infringir a regulamentação ambiental em vigor.

- **Objectivos**

Gerar um procedimento de gestão ambiental, dando prioridade à minimização da produção de resíduos, promovendo a reciclagem, a reutilização e o aproveitamento dos resíduos e, no caso dos resíduos especiais e perigosos, prever procedimentos técnicos e administrativos eficazes e seguros para a sua eliminação final.

Tabela 8 Classificação dos resíduos e tipo de contentores.

Impacto N°3: Poluição por despejo de resíduos no rio Chichico. **Tipo de auxílio:** Prevenção e controlo **Objetivo:** Separar os resíduos e armazená-los temporariamente no contentores sugeridos de acordo com a norma NTE INEN 2841:2014 **Ação de mitigação:** Para o armazenamento temporário, os resíduos devem ser depositados separadamente em contentores metálicos, contentores ou sacos de plástico e identificados com as seguintes cores, de acordo com a NTE INEN 2841:2014.

TIPO CARACTERÍSTICAS DESCRIÇÃO CONTENTOR DE RESÍDUOS A UTILIZAR

RESÍDUOS ORGÂNICOS	Resíduos orgânicos suscetível de compostagemou degradação biológica.	• Resíduos da preparação de alimentos. • Resíduos de vegetais • Resíduos de frutos	- Metal ou plástico colorido **VERDE**

		• Resíduos de culturas	
RESÍDUOS INORGÂNICOS	Resíduos não inertes e não contaminados, e susceptíveis de reciclagem ou reutilização.	Plásticos de polietileno Cartão e papel. Vidro Madeira Metais ferrosos Têxteis	- Cor metal-plástico **AZUL**
RESÍDUOS INERTES PERIGOSO	Materiais de utilização perigosa devido ao seu elevado teor de contaminantes de origem química.	Têxteis contaminados com agroquímicos. Óleos lubrificantes usados. Contentores para produtos agroquímicos.	- Metal ou plástico, cor **PRETO**
RESÍDUOS ESPECIAL	Resíduos gerados no dispensário médico, provenientes de curas, feridas, etc.	- Gazas - Seringas.	-
		- Frascoscom resíduos de medicamentos.	Metal ou plástico colorido **VERMELHO**
Indicadores de conformidade: resíduos orgânicos, inorgânicos, perigosos e especiais da Cantic		ad de inertes,	**Meios de verificação:** Registo e relatório das inspecções efectuadas pela Unidade de Gestão Ambiental do Município.
Responsável pela execução, controlo e acompanhamento Os responsáveis pela execução desta medida serão os proprietários de cada casa e o controlo e acompanhamento serão da responsabilidade da Câmara Municipal do Cantão de Puyo, através da Unidade de Gestão Ambiental.			
^{3}**Orçamento:** Compra de quatro contentores de 0,05 m **Total:** $ 280,00/família.			

Elaborado por: O Autor.

Quadro 9 Compostagem de fertilizantes orgânicos.

Impacto N°4: Contaminação por despejo de resíduos orgânicos no Rto Chichico.

Tipo de auxílio: Prevenção e controlo

Objetivo: Eliminar o impacto negativo da agricultura sobre o rio Chuchico, o ambiente e a saúde dos trabalhadores, através da utilização de fertilizantes orgânicos.

Ação de mitigação: Preparação de um adubo de base fermentado - tipo "BOCASHI".

Ferramentas:

Pás, baldes de plástico, termómetro, mangueira de água, máscara anti-pó e botas.

Tempo de duração do fabrico:

Normalmente, os agricultores levam cerca de 20 a 30 dias para obter fertilizantes orgânicos fermentados no início.

Ingredientes:

- 2 quintais de terras comuns selecionadas.
- 2 quintais de casca de arroz ou de casca de café.

<table>
<tr><td colspan="2">• 2 quintais de estrume de aves de capoeira (galinhas poedeiras).
• 1 quintal de carvão em pedaços pequenos.
• 10 libras de estrume de porco ou de vitela.
• 10 libras de carbonato de cálcio ou cal agrícola.
• 10 libras de terra preta.
• 1 livro de melaço ou mel de purgueira.
• 100 gramas de levedura de padeiro, granulada ou em forma de pão.
• Água: de acordo com o ensaio de punção e apenas uma vez.</td></tr>
<tr><td>Indicadores de conformidade:
• Peso do estrume fermentado.
• Tempo de produção.
• Quantidade de matéria-prima disponível.
• Rendimento do fertilizante orgânico.</td><td>Meios de verificação:
Registo e relatório das inspecções efectuadas pela Unidade de Gestão Ambiental do Município.</td></tr>
<tr><td colspan="2">Responsável pela execução, controlo e acompanhamento
Os responsáveis pela execução desta medida serão os proprietários de cada casa e o controlo e acompanhamento serão efectuados pela Câmara Municipal do Cantão de Puyo, através da Unidade de Gestão</td></tr>
</table>

Ambiental.
Orçamento: Para produzir estrume fermentado **Total:** $ 6.00/quintal.

Elaborado por: O Autor.

Quadro 10 Venda de materiais para reciclagem.

Impacto N°5: Poluição por despejo de resíduos inorgânicos no rio Chichico.

Tipo de auxílio: Prevenção e controlo

Objetivo: Obter benefícios económicos da reutilização ou venda de materiais para reciclagem.

Ação de atenuação: O quadro seguinte apresenta a lista de resíduos que devem ser triados para reutilização ou vendidos para transformação ou reciclagem.

Tipo de resíduos	**Tipo de resíduos**	**Unidosd**	**Preço USD**
Papel	Papel	Kg	0,15
	Caixa de cartão	Kg	0,10
	Papel de jornal	Kg	0,10
Plásticos	Plástico PET	Kg	0,20
	Plástico PEAD	Kg	0,20
	Plástico LDPE	Kg	0,15
	Plástico PP	Kg	0,10
Vidro	Vidro	Kg	0,25
Sucata não ferrosa	Alumínio	Kg	1,80
	Bronze	Kg	5,00
	Cobre	Kg	5.00
Sucata ferrosa	Qualquer metal	Kg	2,80

Indicadores de conformidade:	**Meios de verificação:**
• Quantidade de resíduos selecionados. • Quantidade de resíduos vendidos. • Montante dos recursos económicos gerado.	Registo e relatório das inspecções efectuadas pela Unidade de Gestão Ambiental do Município.
Responsável pela execução, controlo e acompanhamento Os responsáveis pela execução desta medida serão os proprietários de cada casa e o controlo e acompanhamento serão efectuados pela Câmara Municipal do Cantão de Puyo, através da Unidade de Gestão Ambiental.	
Orçamento: Adaptar um espaço para a venda de material reciclável. **Total:** $ 5000.00/reciclador.	

Elaborado por: O Autor.

f) Programa de formação

O programa de formação ambiental é uma construção social e um instrumento de transformação onde se insere; fornece ferramentas para a mudança de atitudes e comportamentos dos habitantes da freguesia de La Tarqui, para uma sociedade mais igualitária, equitativa e democrática que permita a capacitação de cidadãos activos e promotores de mudanças que possibilitem a sustentabilidade dos recursos naturais.

- **Objectivos**

Contribuir para o reforço organizacional e responder à necessidade de gerar capacidades para a adaptação de conhecimentos técnicos de gestão ambiental aos habitantes da freguesia de La Tarqui, seus funcionários e autoridades, a fim de contribuir para a conservação do Rto Chichico.

Quadro 11 Formação da população da freguesia de La Tarqui.

Impacto n.º 6: Falta de conhecimento dos instrumentos de gestão ambiental

Tipo de auxílio: Prevenção

Objetivo: Formar a população que vive especificamente nas margens do Rto Chichico, para que haja uma melhor ligação entre a comunidade e as autoridades de controlo, a fim de conseguir uma gestão ambiental eficaz.

Ação preventiva: Esta formação incidirá sobre as actividades de conservação e de valorização dos recursos existentes nas margens do Rio Chichicos.

Conteúdo	Tópicos
Proibições	Abate de árvores na margem do rio
Gestão de bacias hidrográficas	Gestão integrada das bacias hidrográficas.
Plano de gestão ambiental	Conhecimento do Plano de Gestão Ambiental e do seu conteúdo.
Normas ambientais	Ambiente, conceito e definições
	Proteção do ambiente, PGA e minimização do impacto.
	Gestão e tratamento dos resíduos sólidos e dos resíduos sólidos.
	Legislação ambiental atual.

Indicadores de conformidade:	**Meios de verificação:**
Número de cursos e workshops realizados.	Registo de presenças e relatório de cursos, workshops, etc.

Responsável pela execução, controlo e acompanhamento

Os responsáveis pela execução desta medida serão a população e controlados pelo Governo Municipal do Cantão de Puyo, através da Unidade de Gestão Ambiental.

Orçamento: Para a formação de 100 pessoas num dia.
Total: $ 2500,00/dia.

Elaborado por: O Autor.

(g) Plano de reabilitação das zonas afectadas

As medidas a aplicar no plano de reabilitação consistem num conjunto de práticas para recuperar as áreas afectadas, facilitando a revegetação natural das espécies e a subsequente recuperação do habitat, restaurando não só a paisagem e o coberto vegetal, mas também garantindo a estabilidade do ecossistema.

- **Objectivos**

Restaurar a vegetação das áreas próximas à margem do rio, de modo a obter um equilíbrio ecológico compatível com os padrões e objectivos estabelecidos nas normas de qualidade ambiental, de acordo com o quadro legal ambiental em vigor no país.

Quadro 12 Produção vegetal.

Impacto N°7: Áreas degradadas nas margens do rio Chichico
Tipo de medida: Mitigar
Objetivo: Produção de plantas para a revegetação de zonas degradadas nas margens do Rio Chichico.
Ação de prevenção:
Produção de plantas de diferentes espécies para a revegetação das áreas intervencionadas. O processo de revegetação será aplicado em todas as áreas descobertas, dando especial ênfase à margem do rio Chichico.
Ferramentas
- Fita de marcação
- Luvas
- Pá Downdraft
- Enxada - picareta
- Bares
- Machete
- Tesouras de poda

Os métodos de sementeira manual são:

Plantação em triângulo: Forma de plantação de espécies arbóreas ou arbustivas que se aplica em declives médios a acentuados e que consiste em intercalar filas de árvores para formar um triângulo.
Plantação em sulcos: com uma ferramenta manual (enxada), fazer sulcos na mesma curva de nível com 40 cm de profundidade, distanciados 40 cm do sulco seguinte; o solo restante é utilizado como grade para o sulco. A planta arbórea ou arbustiva é plantada na latada.
Estacas vivas: Estacas obtidas de árvores ou arbustos que são plantados por

perfuração a distâncias superiores a 50 cm. **Produção de plantas de viveiro para revegetação com espécies florestais** Para a propagação e o povoamento das espécies florestais, serão criados viveiros, cuja dimensão depende da capacidade de produção de plantas. Recomenda-se a utilização de viveiros com um nível de produção anual de 20 000 plantas por ano. O transporte das plantas dos viveiros deve ser feito em caixas (sacos de cada planta dispostos ou com torrão de terra quando produzidos em plantabanda), e não em pilhas. As plantas devem ser deslocadas segurando-as pela base, sendo aconselhável agarrá-las pelo caule. A altura óptima das plantas em sacos de plástico é de 30 cm e em plantabanda é de 80 cm. Verificar se as folhas estão saudáveis e com boa folhagem, sem pragas ou doenças.	
Indicadores de conformidade: Número de espécies florestais produzido Número de espécies reflorestadas.	**Meios de verificação:** Registo e comunicação da produção e da reflorestação.
Responsável pela execução, controlo e acompanhamento Os responsáveis pela execução desta medida serão o Governo Municipal do Cantão de Puyo, através da Unidade de Gestão Ambiental.	
Orçamento: Para a produção de plantas florestais em viveiros, começar com uma produção de 20 000 plantas por ano de uma única espécie. **Total:** R$ 1.200,00/ano.(0,60 cts/plântula)	

Elaborado por: O Autor

h) Programa de monitorização ambiental

Um plano de monitorização e acompanhamento ambiental deve conter, se aplicável, para cada fase do projeto ou atividade, a componente ambiental a medir e monitorizar; o impacte ambiental associado; a localização dos pontos de monitorização; os parâmetros a utilizar para caraterizar o estado e a evolução da componente; os limites admissíveis; a duração do plano de monitorização para cada parâmetro; o procedimento de medição para cada parâmetro; bem como o prazo e a frequência de apresentação dos relatórios do plano de monitorização aos respectivos organismos com jurisdição sobre o projeto ou atividade; os limites permitidos; a duração do plano de monitorização para cada parâmetro; o procedimento de medição para cada parâmetro; bem como o prazo e a frequência de apresentação dos relatórios do plano de monitorização aos respectivos organismos competentes e quaisquer outros aspectos relevantes.

O acompanhamento ambiental deve ser efectuado durante as actividades do projeto para garantir que as operações realizadas não têm um impacto significativo no ambiente.

- **Objetivo**

Desenvolver um programa de monitorização ambiental que permita avaliar de forma periódica, integrada e permanente a dinâmica das variáveis ambientais, quer ao nível do meio natural, quer ao nível do meio socioeconómico e cultural, de modo a fornecer informação rigorosa e actualizada para a tomada de decisões que visem a conservação e utilização sustentável do rio Chichico.

Quadro 13 Controlo e monitorização ambiental.

<table>
<tr><td colspan="2">Impacto n.º 8: Não cumprimento da regulamentação ambiental.
Tipo de medida: Controlo e atenuação
Objetivo: Avaliar periodicamente cada um dos programas ambientais de controlo da conservação do Rto Chichico.</td></tr>
<tr><td colspan="2">Ação preventiva:
Programa de prevenção e de proteção do ambiente: controlo anual da qualidade da água
Programa de Gestão de Resíduos (PGR): Relatórios diários de produção e venda de resíduos recicláveis e fertilizantes orgânicos.
Programa de formação ambiental: Relatórios e registos dos cursos de formação de 2 em 2 meses.
Programa de reabilitação das zonas afectadas: Relatório de produção sobre o número de plantas produzidas em cada semestre.
Programa de Monitorização Ambiental: Relatório sistematizado de todos os programas numa base anual.</td></tr>
<tr><td>Indicadores de conformidade:
Número de programas monitorizados.</td><td>Meios de verificação:
Acompanhamento e controlo dos registos e relatórios.</td></tr>
<tr><td colspan="2">Responsável pela execução, controlo e acompanhamento
Os responsáveis pela execução desta medida serão o Governo Municipal do Cantão de Puyo, através da Unidade de Gestão Ambiental.</td></tr>
<tr><td colspan="2">Orçamento: para a execução do programa de controlo e vigilância ambiental.
Total: $ 5.000,00/ano.</td></tr>
</table>

Elaborado por: O Autor

Repartição orçamental

Segue-se um resumo de todos os programas contidos no presente Plano de Gestão Ambiental, que são orçamentados para um período anual.

Quadro 9 Repartição orçamental do plano de gestão ambiental

	DESCRIÇÃO	ORÇAMENTO

		REFERÊNCIA
1	Programa de prevenção e mitigação ambiental	$ 8.000,00
	Programa de gestão de resíduos (PGR)	$ 5.283,00
	Programa de formação ambiental	$ 15.000,00
	Programa de reabilitação das zonas afectadas	$ 500,00
5	Programa de monitorização ambiental	$ 5,000,00
TOTAL		**$ 33.283,00**

Elaborado por: O Autor

CAPÍTULO 4

DISCUSSÃO

7.1 Identificar a presença de macroinvertebrados em quatro pontos do Rio Chichico.

Carrera Reyes & Fierro Peralbo (2001), afirmam que os macroinvertebrados fornecem excelentes sinais sobre a qualidade da água, e ao utilizá-los na monitorização, o estado da água pode ser claramente compreendido: Alguns deles requerem água de boa qualidade para sobreviver; outros, por outro lado, resistem, crescem e abundam quando há poluição, o que determina que a amostragem realizada no rio Chichico identificou 261 espécies distribuídas em 5 ordens com 20 famílias, tais como: Baetidae, Ceratopogonidae, Chironomidae, Corydalidae , Elmidae, Euthyplociidae, Glossosomatidae, Hydrobiosidae, Hydropsychidae, Hirudinea, Leptoceridae, Leptohyphidae, Leptophlebiidae, Oligoneuridae, Oligochaeta, Perlidae, Philopotamidae, Psephenidae, Ptilodactylidae e Pyralidae. Ao aplicar o índice EPT (Ephemeroptera, Plecoptera, Trichoptera); de acordo com Carrera Reyes & Fierro Peralbo (2001), estes grupos são indicadores da qualidade da água porque são mais sensíveis aos poluentes: Ephemeroptera ou mayflies, Plecoptera ou stoneflies e Trichoptera, estabelecendo que como indicadores da qualidade da água, nos dois primeiros pontos de amostragem a água é boa, enquanto nos dois últimos pontos de amostragem a água é regular, portanto e considerando que os macroinvertebrados têm certa sensibilidade aos poluentes, o ambiente em que se desenvolvem as famílias de macroinvertebrados encontradas no rio Chichico não é de óptima qualidade.

7.2 Avaliar a qualidade do recurso hídrico com base nos resultados encontrados.

Os resultados da análise EPT dão a certeza de que na parte inferior da microbacia do Rto Chichico, a água é de qualidade regular, isto é devido às numerosas descargas das pessoas para a margem do rio, sabendo que no Texto Unificado de Legislação Ambiental Secundária, Livro VI, sobre água para consumo humano e doméstico, existem valores que não cumprem os limites máximos admissíveis.

O parâmetro que mais determina a qualidade da água para a propagação de macroinvertebrados é a Carência Bilógica de Oxigénio (CBO), a quantidade de oxigénio que os microrganismos, especialmente as bactérias (aeróbias ou anaeróbias facultativas, Pseudomonas, Escherichia, Aerobacter, Bacillius), os fungos e o plâncton, consomem durante a degradação das substâncias orgânicas contidas na amostra: Pseudomonas, Escherichia, Aerobacter, Bacillius), fungos e plâncton, consomem durante a degradação das substâncias orgânicas contidas na amostra; Segundo LLORES (2005) "As águas ricas em matéria orgânica podem causar contaminação, sendo preocupante que dada a valorização segundo o Texto Unificado do Direito Ambiental Secundário (TULAS), tanto no ponto de amostragem 03 como no 04 a CBO é de 16 mg/l, sendo os limites máximos admissíveis de 2 mg/l, portanto não atende ao estabelecido na legislação, pois sendo a DBO um parâmetro indispensável para a qualidade da água de rios, lagos, lagoas ou efluentes, não é apta para a sobrevivência e o desenvolvimento dos macroinvertebrados, bem como para o consumo humano e doméstico da população circunvizinha. Determinou-se que as baixas populações de macroinvertebrados com o índice EPT (Ephemeroptera, Plecoptera, Trichoptera), se devem à intolerância à perturbação antropogénica.

7.3 Propor um Plano de Gestão baseado na caraterização do leito do Rio Chichico.

Dados os resultados obtidos na presente investigação, é necessário estabelecer medidas corretivas, nas quais se contemplam programas que ajudem a melhorar as condições ambientais e, portanto, a qualidade da água do Rio Chichico; o Plano de Gestão Ambiental proposto está orientado para prevenir, mitigar e controlar todos os impactos negativos gerados pela atividade antropogénica no Rio Chichico, após a aplicação dos programas de mitigação, formação, vigilância e monitorização, onde se incluem as actividades mais importantes para a gestão do efluente quanto à preservação dos macroinvertebrados na zona: mitigação, formação, vigilância e monitorização, onde se incluem actividades mais importantes para a gestão do efluente quanto à preservação dos macroinvertebrados na zona; de acordo com o Texto Único de Legislação Secundária do Meio Ambiente (TULSMA), no seu Livro VI, o Plano de Gestão Ambiental, permite estabelecer as acções que são necessárias para prevenir, mitigar, controlar, compensar e corrigir os possíveis efeitos ou impactos ambientais negativos causados no desenvolvimento de um projeto, obra ou atividade; inclui também os planos de seguimento, avaliação e monitorização e os de contingência.

CAPÍTULO 5

CONCLUSÕES

- Ao utilizar o índice biótico para medir a qualidade da água do rio Chichico, obtivemos dados sobre a poluição agrícola e orgânica, determinando a qualidade biológica geral da água, de acordo com a composição taxonómica dos macroinvertebrados aquáticos.
- Através do índice EPT (Ephemeroptera, Plecoptera, Trichoptera), ajudou-se a determinar que o rio Chichico tem um maior impacto de contaminação que afecta as comunidades das famílias destas ordens, pois a qualidade da água é regular, isto deve-se às numerosas descargas das casas que se encontram nas margens do rio.
- Os parâmetros físico-químicos analisados no rio Chichico indicam que a qualidade da água é regular, o que coincide com o resultado do Índice EPT, resultado que se supõe devido à elevada carga de matéria orgânica; água que não é adequada para a sobrevivência e desenvolvimento de macroinvertebrados, bem como para o consumo humano e doméstico da população circundante.
- Os resultados físico-químicos e biológicos obtidos no presente estudo são muito úteis para a avaliação da qualidade da água do rio Chichico, especialmente para o uso de bioindicadores aquáticos como uma ferramenta de fácil aplicação, baixo custo e com resultados eficientes.
- O estudo serve para a criação de uma base de dados fundamental para conhecer a composição das comunidades da biodiversidade aquática de macroinvertebrados no rio Chichico na freguesia de La Tarqui.
- Não existem estudos semelhantes, carecem de um Plano de Gestão Ambiental, um plano que, de forma detalhada, estabelece programas para prevenir, mitigar, controlar, compensar e corrigir os possíveis efeitos ou impactos ambientais causados pelas diferentes actividades económicas e domésticas produzidas pelos habitantes que vivem nas margens do rio Chichico.

RECOMENDAÇÕES

- Promover a utilização desta metodologia nas bacias, sub-bacias e micro-bacias da nossa região, de forma a enriquecer a lista de famílias e géneros da região e assim conhecer melhor os valores de tolerância e sensibilidade destes a diferentes níveis de contaminação.
- Integrar a utilização de macroinvertebrados aquáticos em estudos de qualidade da água no curso de Engenharia de Gestão e Conservação Ambiental, com pessoal técnico qualificado para a identificação taxonómica e assim contribuir para esta tecnologia crescente e popular na área ambiental.
- Propor um programa de gestão dos resíduos orgânicos e inorgânicos, a fim de controlar a contaminação do rio Chichico.
- A construção de dispositivos para a separação de gorduras e óleos de origem doméstica e de estabelecimentos de serviços, recuperando e preservando assim o recurso hídrico e ao mesmo tempo sendo utilizado pelos seus habitantes para a agricultura, turismo e consumo humano.
- Propor um Plano de Gestão Ambiental, um instrumento de gestão para a gestão adequada dos recursos naturais no Rto Chichico, na paróquia de La Tarqui, na cidade de Puyo, que consiste em oito programas que devem ser socializados e executados em conjunto com os habitantes e as autoridades do município de Puyo.

BIBLIOGRAFIA

(FAO)2005. (n.d.). POLAR SCIENCE.COM. Recuperado de http://www.cienciapopular.com/ecologia/deforestacion-mundial

SMITH, R. L., & SMITH , T. (2007). Ecologia Sexta Edicion (Madrid ed.). Sexta Edição: ADDISON-WESLEY.

(FAO)2005. (n.d.). POLAR SCIENCE.COM. Recuperado de http://www.cienciapopular.com/ecologia/deforestacion-mundial

(2005). In A. V. ESPINOZA G, Fundamentos de Evaluacion de Impactos Ambientales. Santiago - Chile.

2005, O. d. (1 de janeiro de 2007). POPULARSCIENCE.COM. Recuperado em 12 de março de 2014, de http://www.cienciapopular.com/ecologia/deforestacion-mundial

2010, M. (2010). Aprovechamiento de los Recursos Forestales 20072009. Quito-Equador.

BARBA, L. E. (2005). CONCEITOS BÁSICOS DE POLUIÇÃO DA ÁGUA E PARÂMETROS DE MEDIÇÃO. Obtido de www.bvsde.paho.org/bvsaar/e/fulltext/gestion/conceptos.pdf

BARBER, H. e. (2008). Diversidade global de Mayflies (Ephemeroptera,Insecta) em água doce. Recuperado de http://link.springer.com/content/pdf/10.1007%2Fs10750-007- 9028-y

Biosfera Gestão Ambiental (12 2009). Estudio de Impacto Ambiental Ex-Post Centro de acopio de cilindros de GLP- Esmeraldas. Recuperado em 02 07 07 2014, de http://www.biosfera.com.ec/fckeditor_upload/File/BIOSFERA/ PETROCOMERCIAL/CAP_VIII.pdf

Boxshall, G. A. (2006). A pilhagem da biodiversidade marinha, desafios científicos e tecnológicos.

Bromley, W. y. (2005), Metodologia de Avaliação do Impacto Ambiental.

Bustos F. (2010). Manual de Gestion y Control Ambiental (Terceira ed.). Equador: R.N Industria Grafica.

carrera reyes, c., & fierro peralbo, k. (2005). Macroinvertebrados como indicadores da qualidade da água. Quito.

Clara, M. R. (2005). Análise da qualidade da água para consumo humano e perceção local das tecnologias apropriadas para a desinfeção à escala doméstica na microbacia hidrográfica de El Limon, San Jerónimo, Honduras.

clau. (n.d.). contaminates dela gua . Recuperado de http://html.contaminacion-del-agua_11.html CLIRSEN . (2005).

CORMA (2005). 31.

DAJOZ, R. (2005). ªTRATADO DE ECOLOGIA (2 ED.) (Vol. Segundo). MUNDI-PRENSA LIBROS, S.A.

Dommguez, E. &. (2009). Macroinvertebrados bentónicos Sul-americanos. Sistemática e Biologia. Argentina.
ECOLAP e MAE. (2007). Grna del Patrimonio de Areas Naturales Protegidas del Ecuador. Quito: IGM.
FAO. (2005). Obtido de https://www.oas.org/DSD/publications/Unit/oea19s/ch008.htm
FAO. (2005). Obtido de https://www.oas.org/DSD/publications/Unit/oea19s/ch009.htm#3,2%20madeira%20serrada%20madeira
FERNANDEZ-VITORA, V. C. (2005). "GUIA METODOLÓGICO PARA A AVALIAÇÃO DO IMPACTO AMBIENTAL" (ed. 2ª edição). Madrid-Espana: MUNDI-PRENSA.
Figueroa, R. V. (2005). Os macroinvertebrados bentónicos como indicadores da qualidade chilena. Revista Chilena de Historia Natural, 275-285.
GORDILLO, O. (07 de dezembro de 2009). Ecolog^a del Ecuador. Recuperado em 26 de outubro de 2011, de http://ogordillo.blogspot.com/2008/09/ecologa-para- students-of-tourism.html
GRIJALVA, T., & OTALVARO, J. (2010). Zonificacion Ecologica - Ambiental del Canton Pimampiro. Ibarra.
GUARANDA, W. (16 de novembro de 2009). Fundação Regional de Assessoria em Direitos Humanos. Obtido em 26 de outubro de 2011, de Auntessobrela actividad petrolera: http://www.inredh.org/index.php?option=com_content&view=article&id=288%3Aexplotacion-petrolera-en-el- ecuador&Itemid=126
Guerrero, I. L. (2005). AVALIAÇÃO DO IMPACTE AMBIENTAL E PROPOSTA DE.
Gutierrez, P. (2010). Plecoptera. Retrieved from Revista de Biolog^a Tropical: http://www.scielo.sa.cr/scielo.php?script=sci_arttext&pid=S003 4-77442010000800006&lng=en&nrm=iso>. ISSN 0034-7744.
Holzenthal, R. B. (2007). Ordem Trichoptera Kirby. Recuperado de Linnaeus Tercentenary: Progress in Invertebrate: http://www.revistas.ucr.ac.cr/index.php/rbt/article/view/5413/51 59
Irene Campos Gomez, U. E. (n.d.). Saneamiento Ambiental. EUNED.
leopold (2005).
livro 6. (2008). Quito.
Lloret, P. (2005). Sistemas de formação para a gestão dos recursos naturais. Obtido em 20 de janeiro de 2014, de GestiondeCuencas Hidrograficas: http://www.avina.net/esp/wp- content/uploads/2013/03/MODULO-5-OK.pdf
Ministério do Ambiente, V. y. (2006). Canalização rural. Recuperado em 21 de

janeiro de 2014, de Programa Cultura Empresarial 9: http://www.avina.net/esp/wp- content/uploads/2013/03/MODULO-5-OK.pdf
Ministério Federal da Cooperação Económica e do Desenvolvimento (BMZ) (2005). Guia para a proteção do ambiente (Vol. Volume II). Alemanha.
MINISTÉRIO, D. A. (2005). Bosque Protetor "Tsuraku o Arutam". Quito: MAE.
Murillo, O., villanueva, A., r, h., Heredia, S., Ojeda, A., Martinez, S., & Alcantara, I. (2009). O perifíton de um lago hiposalino hipereutrófico em Michoacan, México.
NAREDO, J., & PARRA, F. (2005). Para uma ciência dos recursos naturais. Madrid: Siglo XXI.
Nogales, S. R. (2005). AVALIAÇÃO DO IMPACTO AMBIENTAL E PROPOSTA DE PLANO DE GESTÃO AMBIENTAL PARA O PROJECTO DE IRRIGAÇÃO DE AMBUQU.
OMS. (2005). Diretrizes para a qualidade da água potável. Recuperado em 05 de fevereiro de 2014
OMS. (2005). Manual sobre a prevenção de doenças transmitidas pela água causadas pela poluição da água. Recuperado em 04 de fevereiro de 2014, de file:///C:/Users/USERS/USER/Downloads/Calidad%20de%20de%20Servi%20del%20Agua%20Potable%20en%20la%20Ciudad%20d e%20Portovi%20.pdf
ORBE, A. P. (2009). Análise da inibição de argilas reactivas e xistos instáveis das formações Orteguanza, Tiyuyacu, Tena e Napo (Xisto) com fluidos à base de aminas num campo do leste do Equador. Quito: Universidad Poli'tecnica Nacional.
Othon, Z. M. (2005). La calidad y Servicios de Agua Potable en Portoviejo. Recuperado em 27 de janeiro de 2014, de www.ozpatra@ecua.net.ec
PACHECO, J. X. (2010). Fallas Geologicas en el Ecuador. Loja: Universidad Tecnica Particular de Loja.
Perez, A., & Rodriguez, A. (2008). Índice físico-químico da qualidade da água para o manejo de lagoas de inundação tropicais. Revista Biologica Tropical, 56.
Perez, L. B. (2004). Gestão de recursos hídricos.
Porras (2005). Arte Rupestre Alto Napo-Valle del Misahualli,. Quito, Equador : Artes Graficas Senal Impresenal Cia. Ltda.
prezi (2005). Recuperado em 28 de abril de 2014, de http://prezi.com/aruhmiq2c4gb/biota-en-recursos-hidricos/
Restrepo Claudia, P. (2008). Água, saúde e vida. Ministério do Meio Ambiente, Habitação. Recuperado em 02 de fevereiro de 2014, de ViceministeriodeAguaySaneamiento : http://www.avina.net/esp/wp- content/uploads/2013/03/MODULO-5-OK.pdf

RIVADENEIRA, B. (2005). A Bacia do Oriente: Estilo tectónico, fases de deformação e caraterísticas geológicas dos principais campos petroprodutores. Quito: Escuela Politecnica Nacional.

Roldan, G. &. (2008). Fundamentos de Limnologia Neotropical (2ª Edição).

SENPLADES - CAF. (2005). Plan Estrategico para la Reduccion del Riesgo en el Territorio Ecuatoriano. Quito: SENPLADES - CAF.

SIERRA, R. (2005). Propuesta Preliminar de un sistema de Clasificacion de Vegetacion para el Ecuador Continental. Quito: INEFAN/GEF-BIRF e Projeto EcoCiencia.

Springer, M. (2010). Trichoptera. Jornal de Biologia Tropical, 150152.

TULAS (2010). Livro VI, Norma de Qualidade Ambiental e Descarga de Efluentes: Recursos Hídricos.

UNESCO, F. (2005). World Soil Gasification. FAO.

V . CONESA FDEZ - VTI'ORA. (2010). ªGina Metodologica para la Evaluación del Impacto Ambiental (4 - 2010 ed.). Madrid- Espanha: Grupo Mundil-Prensa.

VI G.G, a. (11 de março de 2003). MIMOSA.PCNTICMES.ES. Recuperado de http://mimosa.pntic.mec.es/vgarci14/index.htm

VIIT. L. (2010). Norma de Qualidade Ambiental e Descarga de Efluentes: Recurso Hídrico.

WINCKELL, A., & ZEBROESKI, C. (2005). As paisagens naturais do Equador. As Regiões e a Paisagem do Equador. Quito: IPGH .

WINCKELL, A., & ZEBROWSKI, C. (2005). As paisagens naturais do Equador. As regiões e paisagens do Equador. Quito: IPGH.

ZAPATA, R. (2006). Universidad Nacional de Colombia- Sede Medellrn. Recuperado em 27 de outubro de 2011, de Qrnmica de los procesos pedogeneticos:

ANEXOS

Quadro 10

UNIVERSIDAD NACIONAL DE LOJA
PLAN DE CONTINGENCIA
CARRERA DE INGENIERÍA EN MANEJO Y CONSERVACIÓN DEL MEDIO AMBIENTE

Hoja de campo:
Sitio de colección:
Nombre del río:
Fecha de colección:
Técnico a cargo:

Coordenadas:

x	y

CLASIFICACIÓN	ABUNDANCIAS (NÚMERO DE INDIVIDUOS)	EPT PRESENTES
Anisoptera		
Bivalvia		
Baetidae		
Ceratopogonidae		
Chironomidae		
Corydalidae		
Elmidae		
Euthyplociidae		
Gastropoda		
Glossosomatidae		
Gordioidea		
Hirudinea		
Hydrachnidae		
Hydrobiosidae		
Hydropsychidae		
Leptoceridae		
Leptohyphidae		
Leptophlebiidae		
Naucoridae		
Oligochaeta		
Oligoneuridae		
Perlidae		
Philopotamidae		
Psephenidae		
Ptilodactylidae		
Pyralidae		
Simuliidae		
Tipulidae		
Turbellaria		
Veliidae		
Zygoptera		
Otros grupos		
TOTAL:		

CALIDAD DE AGUA
75 - 100% Muy buena
50 - 74% Buena
25 - 49% Regular
0 - 24% Mala

Ratos ETP

ANEXOS FOTOGRÁFICOS

Foto 2

Primeiro ponto de amostragem

Foto 3

Segundo ponto de amostragem

Foto 4

Terceiro ponto de amostragem
Foto 5

Quarto ponto de amostragem
Foto 6

Recolha de amostras de água

Foto 7

Amostragem de água

Foto 8

Entrega das amostras ao laboratório (ESPOCH)

Foto 9

Recolha de macroinvertebrados
Foto 10

Recolha de macroinvertebrados com a rede Surber

More Books!

yes

I want morebooks!

Buy your books fast and straightforward online - at one of world's fastest growing online book stores! Environmentally sound due to Print-on-Demand technologies.

Buy your books online at
www.morebooks.shop

Compre os seus livros mais rápido e diretamente na internet, em uma das livrarias on-line com o maior crescimento no mundo! Produção que protege o meio ambiente através das tecnologias de impressão sob demanda.

Compre os seus livros on-line em
www.morebooks.shop

info@omniscriptum.com
www.omniscriptum.com

OMNIScriptum

MIX
Papier aus verantwortungsvollen Quellen
Paper from responsible sources
FSC® C105338

Printed by Books on Demand GmbH, Norderstedt / Germany